Anleitung
zur
Fabrikation des Syrups
und des
Zuckers
aus
Stärke, aus Ahornsaft, aus Weinmost, aus Aepfeln oder Birnen, aus Pflaumen, aus Moorrüben, aus Mays ꝛc.

Nebst Anweisung
dieselben Substanzen
zur
Fabrikation des Branntweins
und des
Essigs
in Anwendung zu setzen.

Von
Sigismund Friedrich Hermbstädt,
Königl. Preußischem Geheimen Rathe. ꝛc.

Berlin, 1814.
In der Realschul-Buchhandlung.

Inhalt.

Erster Abschnitt.

Zweiter Abschnitt.

Dritter Abschnitt.

Vierter Abschnitt.

Neunter Abschnitt.

Vorbericht

Dieses kleine Werkchen enthält eine Anleitung zur Fabrikation des Syrups und Zuckers aus Stärke, aus Ahornsaft, aus Most, aus dem Safte der Aepfel und Birnen, dem Mais und einigen andern sich dazu qualificirenden Vegetabilien; nebst einer Anweisung solche zur Fabrikation des Branntweins und des Essigs zu benutzen.

Dasselbe macht eigentlich die zweyte Abtheilung meines Buchs, über die Fabrikation des Zuckers aus Runkelrüben, besonders ausgedruckt, und wer im Besitz dieses ist, kann also dieses kleinere Werkchen entbehren.

Meine Absicht ist es, durch die Herausgabe desselben, Landwirthen so wie jedem wirthschaftlichen Hausvater und Hausmutter nützlich zu seyn; ich wünsche und hoffe, daß mein Zweck nicht verfehlt werden wird.

Hermbstädt.

Erster Abschnitt.

Anleitung zur Fabrication des Zuckers und des Syrups aus Stärke und andern Materien des Pflanzenreichs.

§. 1. Die Erfindung, aus der Stärke einen brauchbaren Syrup, so wie aus diesem eine feste zuckerartige Substanz zu bereiten, ist so einfach und wenig kostspielig, daß mit Recht erwartet werden darf, jeder Landwirth werde auf diese Erfindung nicht nur die Anfertigung seines häuslichen Bedarfs an Versüßungsmitteln, sondern vielleicht auch einen fabrikmäßigen Betrieb jener Produkte gründen, weil selbst jede kleinere Privathaushaltung dazu geeignet ist, sich ihren Bedarf an Versüßungsmitteln danach zu verfertigen.

§. 2. Weil aber bey aller Einfachheit in der Anfertigung der gedachten Producte, demohngeachtet noch mancherley Umstände dabey eintreten können, die auf die gesunde Beschaffenheit der Fabrikate einen mehr oder minder nachtheiligen Einfluß auszuüben vermögend sind; so soll diese Anleitung dazu dienen, Jedermann in den Stand zu setzen, seine Verfahrungsart bey der Zubereitung der gedachten Materien darauf zu gründen, um danach nicht nur ein möglichst schönes und brauchbares Fabrikat zu produciren, sondern sich auch gegen jede mögliche dabey obwaltende Gefahren für die Gesundheit vollkommen sicher zu stellen.

Von den Materialien, welche zur Fabrikation des Syrups und Zuckers aus Stärke erfordert werden.

§. 3. Die Materialien, welche zur Zubereitung des Zuckers und Syrups aus der Stärke erfordert werden, bestehen:

1) In einer guten reinen Stärke (Kraftmehl). Ob dieselbe aus Weizen oder aus Kartoffeln geschieden sey, gilt vollkommen gleich: doch verdienet die Kartoffelstärke einen Vorzug vor der aus Weizen, weil sie weniger mit unveränderten Mehltheilen verunreinigt ist.

2) In einer reinen koncentrirten Schwefelsäure (Vitriolöl). Man kauft diese Säure in größern Quantitäten von den Scheidewasserbrennereien oder den Vitriolölfabriken. Bey kleinen Portionen erhält man sie aus den Apotheken. Das Pfund wird, bey größern Massen im Ankaufe, mit sechs bis acht Groschen, in gutem Gelde, bezahlt. Von ihrer Reinigkeit überzeugt man

sich dadurch, daß sie, in einer porzellanen Tasse über Kohlenfeuer gesetzt, vollkommen in erstickenden Dämpfen entweicht, ohne einen Rückstand übrig zu lassen. Im Handel hat man davon zwey Sorten: rauchende Schwefelsäure und nicht rauchende Schwefelsäure, von welchen beyden Sorten die erstere allemal den Vorzug verdienet.

3) In einem guten reinen Fluß- oder Brunnenwasser, das nicht mit Eisentheilen verunreinigt ist, und auch keinen faulen Geruch besitzt; an dessen Stelle jedoch, mit noch größerm Vortheil, reines aus der Luft aufgefangenes Regenwasser angewendet werden kann.

4) In einer reinen, nicht mit Thon oder mit Seesalz durchdrungenen kalkartigen Erde, wozu entweder:

a) Kreide; oder

b) weißer Marmor; oder

c) gemeiner roher Kalkstein; oder

d) Austerschalen, mit Vortheil angewendet werden können.

§. 421. Was die Kreide und den rohen Kalkstein betrifft, so prüft man ihre Reinigkeit dadurch, daß man eine beliebige Portion von selbiger in reine Salpetersäure (Scheidewasser) trägt, von welcher sie mit Brausen aufgelöst werden. Waltet die Säure noch vor, und ist alles aufgelöset worden, so giebt dieses einen Beweis für die Reinigkeit der genannten Substanzen. Selbst reiner Mergelkalk kann statt derselben in Anwendung gesetzt werden, wenn solcher nur so rein ist, daß er von der Salpetersäure vollkommen aufgelöst wird, ohne einen Rückstand zu lassen.

§. 5. Was die Austerschalen betrifft, so müssen solche vor dem Gebrauche zu wiederholtenmalen mit Wasser ausgekochet werden, um sie von dem Seesalze zu befreyen, mit welchem sie gemeiniglich durchdrungen sind. Sie verdienen indessen doch immer den früher genannten Erden, zu dem gedachten Behuf, nachgesetzt zu werden, weil sie eine bedeutende Quantität thierischer Gallerte enthalten, die den Syrup verunreinigen und zur Verderbniß disponiren kann.

Von den Geräthschaften zur Anfertigung des Syrups und des Zuckers aus Stärke.

§. 6. Die Wahl der Geräthschaften, in welchen die Stärke, in Vermengung mit dem Wasser und der Schwefelsäure, gekocht werden soll, ist dabey nichts weniger als gleichgültig: denn die Erfahrung hat bewiesen, daß Gefäße von Zinn oder von Kupfer, beym Kochen jenes Gemenges in denselben, angegriffen werden, und die gekochte Flüssigkeit mehr oder weniger dadurch mit jenen Metallen verunreinigt wird, die der Gesundheit sehr nachtheilig werden können.

§. 7. Zwar ist man häufig der Meinung, daß kupferne Gefäße, wenn sie nur rein und blank seyen, und man die gekochte Masse nicht darin erkalten lasse, von der verdünneten Schwefelsäure während des Kochens nicht angegriffen würden; die Erfahrung lehrt aber in der That das Gegentheil.

§. 8. Beym Gebrauch der kupfernen Geräthe, muß überdies noch in Erwägung gezogen werden, daß die Schwefelsäure, welche man gewöhnlich aus den Fabriken erhält, durch das Verbrennen des Schwefels in Vermengung mit Salpeter fabricirt wird, und aus dem Grunde fast nie frey von eingemengter Salpetersäure ist. Salpetersäure löset aber das Kupfer so wohl in der Kälte als in der Siedhitze mit Begierde auf; und so kann die Verunreinigung der gekochten Masse mit Kupfer, wenn das Kochen derselben in kupfernen Geräthen veranstaltet wird, fast nie vermieden werden.

§. 9. Zwar ist es gewiß, und kann durch die Erfahrung bewiesen werden, daß, wenn auch die mit Schwefelsäure und Stärke gekochte flüssige Masse, Kupfer gelöst enthält, dennoch der daraus bereitete fertige Syrup völlig frey von Kupfer seyn kann, weil bey der Abstumpfung der gekochten sauern Flüssigkeit mit irgend einer der genannten kalkartigen Erden, die gebildeten Kupfersalze wieder zerlegt werden, folglich das Kupfer ausgeschieden wird.

§. 10. Jene vollkommene Ausscheidung

setzt aber eine praktische Routine, so wie chemische Sachkenntniß voraus, die nicht bey Jedem, der sich mit der Anfertigung des Stärkesyrups beschäftigen will, füglich vorausgesetzt werden kann: und so ist es besser, mit der Vermeidung der kupfernen Geräthe lieber die Möglichkeit der Gefahr zu entfernen, als sich derselben zum Nachtheil für die Gesundheit auszusetzen.

§. 11. Gefäße von Eisen würden zum gedachten Behuf noch weniger brauchbar seyn, weil das Eisen von der verdünneten Schwefelsäure während des Kochens vollkommen aufgelöst wird.

§. 12. Gewöhnliche irdene mit Bley glasirte Kochtöpfe, können aus dem Grunde nicht angewendet werden, weil die Glasur, während des Kochens der sauern Masse in denselben, vollkommen zerstört werden würde.

§. 13. Bey alle dem bleiben uns aber noch dreyerley Arten von Geräthschaften übrig, in denen die Anfertigung des Stärkesyrups, in Rücksicht seiner Unschädlichkeit für die Gesundheit der Consumenten, mit voller Zuversicht veranstaltet werden kann; dieses sind:

a) Gefäße von Berliner Gesundheitsporzellan (sogenanntem Sanitätsgut); oder auch von nicht glasirtem grauen Steingut.

b) Gefäße von Holz; und

c) Gefäße von Bley;

aber jede Art dieser Geräthschaften erfordert

eine besondere Vorrichtung, wenn darin gekocht werden soll, und diese soll hier ausführlicher beschrieben werden.

a) Gebrauch der irdenen Gefäße.

§. 14. Unter irdenen Gefäßen werden hier solche verstanden, die entweder von der Masse des Berliner Gesundheitsporzellans (des Sanitätsgutes), oder von grauem nicht glasirtem Steingut, angefertigt sind.

§. 15. Beyde sind von der Beschaffenheit, daß nicht über dem freyen Feuer darin gekocht werden kann, weil sie sonst leicht springen; ihre Anwendung erfordert daher eine besondere Vorsicht und Einrichtung.

§. 16. Wenn das Kochen der Masse in dergleichen Geräthschaften veranstaltet werden soll, so erfordern dieselben, um ihr Zerspringen zu verhüten, eines Zwischenmittels, damit das Feuer nicht unmittelbar an dieselben treten kann.

§. 17. Man verhindert dieses, wenn man jene Gefäße in einem eisernen Behälter, mit Sand umschüttet, der Einwirkung des Feuers übergiebt.

§. 18. Zu dem Behuf läßt man einen Kessel von gegossenem Eisen, so wie man selbige in jeder Eisenhandlung vorräthig findet, eben so wie jeden andern Kessel einmauern.

Er dienet nun dazu, um das irdene Gefäß in sich aufzunehmen.

§. 19. Bevor solches hineingestellt werden soll, bedeckt man den Boden des Kessels anderthalb Zoll hoch mit gemeinem Sande, setzt auf diesen den Topf, in welchem gekocht werden soll, und füllt nun den Zwischenraum zwischen der äußern Fläche des Topfes und der innern Fläche des Kessels, von welchem es hinreichend ist, wenn der Abstand zwischen beyden einen Zoll beträgt, gleichfalls mit Sand aus.

§. 20. Hiebey muß man Sorge tragen, daß die Tiefe des eisernen Kessels nicht über zwey Drittheil von der Tiefe des Topfes beträgt, damit ein Theil des Topfes aus dem Kessel herausrage, und dieser Theil mit der äußern umgebenden Luft in Berührung stehe, weil sonst, wie die Erfahrung lehrt, nicht verhütet werden kann, daß nicht an den innern Wänden des Topfes sich ein Theil der darin befindlichen Flüssigkeit anlegt und braun wird; wodurch aber das ganze Fluidum gezwungen wird, eine braune Farbe und einen nicht zerstörbaren brenzlichen Geschmack anzunehmen, ein Erfolg, der im gegenseitigen Fall ganz vermieden wird.

§. 21. Dergleichen irdene Gefäße werden sehr geschickt seyn für jede kleine Haushaltung, die ihren Bedarf an Stärkesyrup oder Zucker bey kleinen Quantitäten, etwa aus acht Pfund Stärke mit einemmal, bereiten will, weil hiezu nur ein irdener Topf von Steingut gebraucht wird, der höchstens den Inhalt von 12 Berliner Quart (oder 30 Pfund) Wasser in sich fasset, auch größere Töpfe solcher Art nicht gut zu haben sind.

§. 22. Wer aber die Fabrikation des Stärkesyrups im Großen, also fabrikmäßig, in dergleichen irdenen Geräthen, betreiben will, der thut wohl, sich eine eiserne Pfanne gießen zu lassen, in welcher zehn bis zwölf solcher Töpfe mit einemmal neben einander placirt werden können; und dann können in derselben Zeit mit einemmal 80 bis 96 Pfund Stärke darin bearbeitet, und daraus eben so viel Syrup, ja noch etwas mehr, gewonnen werden, der von jeder nachtheiligen Beymengung frey ist.

§. 23. Sollte es den geschicktern Töpfern gelingen, aus gewöhnlichem Thon größere Gefäße, in Form von Kesseln und mit Bleyfreyer Gesundheitsglasur inwendig überzogen, anzufertigen, so würde man das Kochen in selbigen auch gleich über dem freyen Feuer veranstalten können: wodurch besonders für städtische und ländliche kleinere Privathaushaltungen viel gewonnen werden würde.

b) Gebrauch der hölzernen Geräthschaften.

§. 24. Sollen hingegen hölzerne Gefäße in Anwendung gesetzt werden, um das Kochen des Stärkesyrups darin zu veranstalten, dann muß das Erhitzen der Flüssigkeit durch die Dämpfe von siedendem Wasser geschehen.

§. 24. Man lasse sich zu dem Behuf, nach der größern oder kleinern Masse der Stärke, welche mit einemmal darin zu Syrup gekocht werden soll, ein mehr tiefes als weites Faß von harzfreyem Fichtenholz, oder noch besser von Lindenholz, von einem Böttcher anfertigen, das die Form eines, um den vierten Theil von seiner Spitze auf gerechnet, abgeschnittenen Kegels besitzt, dessen Basis 21 Zoll Diameter hat. Der spitzere Theil ist mit einem hölzernen Boden verschlossen, der obere weitere Theil bleibt aber offen, und kann mit einem hölzernen Deckel bedeckt werden.

§. 25. Ein solches Faß von circa 4 Fuß Tiefe ist hinreichend, um darin mit einemmal 60 Pfund Stärke und mehr, zum Syrup kochen zu können.

§. 26. Um aber die im Fasse befindliche Flüssigkeit zum Sieden zu bringen, und solche darin zu erhalten, wird eine zweyte Vorrichtung erfordert, die dazu bestimmt ist, Wasser in Gestalt siedend heißer elastischer Dämpfe, durch die im Fasse befindliche Flüssigkeit hindurch zu leiten.

§. 26. Wer im Besitz einer verhältnißmäßig großen Destillirblase ist, kann diese leicht als Dampfkessel hiebey in Anwendung setzen. Es ist zu dem Behuf hinreichend, den Schnabel des Destillirhelms, mit seiner Oefnung in ein Rohr von Holz oder von Bley, dergestalt dunstdicht zu befestigen, daß gedachtes Rohr senkrecht in der Mitte des Kochfasses so herabsteigt, daß seine untere

Oefnung einen Zoll weit von dem Boden des Fasses entfernt bleibt, zu welchem Behuf das Rohr mit seinem untern Theil, mittelst eines untergesetzten Stückchens Holz, unterstützt werden kann, um den aus den Dampfkessel sich bildenden Wasserdünsten einen freyen Ausgang in die dadurch zu erhitzende Flüssigkeit im Kochfasse zu geben.

§. 27. Damit aber, wenn es nöthig ist, neues Wasser in die Blase gefüllet werden kann, wird auf der einen Seite ihrer Wölbung ein mit einem Hahn versehener Trichter angebracht, dessen Rohr bis nahe auf den Boden des Fasses reicht. Und damit, wenn die Flüssigkeit in der Blase zu kochen aufhört, die Flüssigkeit aus dem Fasse nicht durch das Dunstrohr in die Blase zurück treten kann, muß das Rohr an seinem obern Ende mit einem darin angebrachten Hahn geöfnet und verschlossen werden können. Endlich ist es sehr rathsam, auf irgend einer Stelle der Blasenwölbung noch ein Ventil anzubringen, um, wenn die Elasticität der Dünste zu sehr wächst, ihnen einen Ausweg in die Luft zu bahnen, um dadurch das Zersprengen der Blase zu verhüten.

§. 28. Wer sich aber einen besondern Dampfapparat zu dem Behuf anschaffen will, der kann sich einen aus starkem Kupferblech angefertigten Kessel, von der Gestalt des Kessels einer Destillirblase, machen lassen, nur daß statt des Destillirhelms, aus der mehr verengerten Halsöfnung des kupfernen Kessels, gleich ein heberförmig gebogenes $1\frac{1}{2}$ bis 2 Zoll weites Rohr von Bley, dergestalt in die Mitte des Kochfasses hinein geleitet wird, daß der kürzere Schenkel in dem Halse des Dampfkessels befestigt ist, der längere Schenkel aber, wie vorher gedacht worden, bis einen Zoll vom Fußboden entfernt, in das Faß hinabreicht.

§. 29. Damit aber auch das Kochen der Flüssigkeit in dem Fasse, so lange es erforderlich ist, ununterbrochen fortgesetzt werden kann; und damit, wenn es nöthig wird, das in dem Dampfkessel verdunstete Wasser durch neues ersetzt, und während des Nachfüllens vom kalten Wasser, die Kommunikation zwischen der Flüssigkeit im Kochfasse und den aus dem Leitungsrohr übergehenden Dämpfen aufgehoben werden kann, um das sonst erfolgende Uebersteigen, des Fluidi aus dem Fasse durch das Dampfrohr in den Kessel, zu verhindern, müssen annoch folgende Umstände berücksichtigt werden.

1) Der Dampfkessel muß, in Rücksicht seines kubischen Inhalts, mit dem kubischen Inhalt des Kochfasses in einem angemessenen Verhältniß stehen. Es ist hiebey hinreichend, wenn der Inhalt des Dampfkessels halb so viel beträgt, als der Inhalt des Kochfasses; kleiner darf er nicht wohl seyn, ist er aber größer, so schadet dieses nicht.

2) Der Dampfkessel muß auf seiner Wölbung außerhalb mit einem Trichter versehen seyn, dessen Rohr im Innern des Kessels

bis zum Boden desselben hinabreicht, und nur sechs Linien von selbigem mit seiner Oeffnung entfernt bleibt. Außerhalb der Kesselwölbung, gleich unter der Mündung des Trichters, muß das Rohr desselben mit einem Hahn versehen seyn, um solchen öffnen und verschließen zu können. Diese Einrichtung dienet dazu, um, wenn es erforderlich ist, neues Wasser in den Dampfkessel durch den Trichter hinzuleiten zu können.

3) Desgleichen muß das Dunstrohr, oberhalb des längern Schenkels, mit einem Hahn versehen seyn, durch den solches verschlossen und geöffnet werden kann. Er dienet dazu, wenn das Kochen der Flüssigkeit im Fasse unterbrochen, oder wenn kaltes Wasser in den Dampfkessel nachgefüllet werden soll, ihn zu verschließen; im letztern Fall würde sonst, durch die augenblickliche Verdichtung der Dünste, beym Zulassen des kalten Wassers in den Kessel, das Fluidum aus dem Fasse durch das Leitungsrohr in den Dampfkessel übersteigen, welches durchaus vermieden werden muß

4) Muß ein Ventil angebracht werden, welches dazu dienet, wenn die Flüssigkeit in dem Kessel kochet und das Dunstleitungsrohr mit seinem Hahn verschlossen ist, den Dämpfen einen Ausweg zu bahnen, weil solche sonst leicht vermögend seyn würden, den Dampfkessel zu zersprengen. Gedachtes Ventil kann, entweder gleich auf der äußern Wölbung des Dampfkessels, oder auf der Halsdecke desselben,

oder auch über der Biegung des Dunstleitungsrohrs, angebracht werden, welches völlig gleichgültig ist; nur muß der Druck des Ventils stark genug seyn, um der Elasticität der Dämpfe des siedenden Wassers eine Zeitlang Widerstand leisten zu können, ohne daß selbiges gehoben wird.

§. 30. Wer eine solche Vorrichtung sich machen läßt, und dem Kochfasse einen kubischen Inhalt von 100 Berliner Quart (oder 250 Pfund) Wasser; dem Dampfkessel hingegen einen kubischen Inhalt von 50 Quart (oder 125 Pfund) giebt, wird in einem solchen Fasse 60 Pfund Stärke und mehr mit einemmal bearbeiten können, ohne daß der Dampfkessel während der Arbeit oft nachgefüllt zu werden braucht.

§. 31. Wird aber der Dampfkessel zwey bis dreymal mit Wasser nachgefüllet, so ist derselbe Kessel auch hinreichend groß, um ein Kochfaß von 200 Quart kubischen Inhalt, in welchem folglich 120 Pfund Stärke mit einemmal bearbeitet werden können, damit zu betreiben.

§. 32. Da aber die Zeit des Kochens höchstens zehn Stunden dauert, so wird mit einer solchen Vorrichtung im ersten Fall in jedem Tage 60, und im zweyten Fall in jedem Tage 120 Pfund Stärke mit einemmal bearbeitet werden können; und da man aus jedem Pfund Stärke etwas über ein Pfund Syrup gewinnt, so können mittelst eines solchen Apparates, im ersten Fall in einem Jahre, zu

300 Arbeitstagen gerechnet, 18000 Pfund, und im zweyten Fall 36000 Pfund Syrup angefertigt werden.

§. 33. Nun liefern aber 100 Pfund Syrup, nach der fernerhin zu beschreibenden Bearbeitung, wenigstens 75 Pfund reinen trocknen Stärkezucker; folglich können auf gedachtem Wege in einem vollen Jahre 27000 Pfund Zucker gewonnen werden, welcher, als Versüßungsmittel angewendet, 13500 Pfund indischem Zucker gleich ist.

§. 34. Was die Kosten der Einrichtung betrifft, so können solche, für eine dergleichen Vorrichtung mit einem kupfernen Dampfkessel von 50 Berliner Quart Inhalt, inclusive aller übrigen dazu erforderlichen Kosten, nämlich mit Inbegriff der kupfernen Abdunstungskessel 2c., nach einem ohngefähren Ueberschlage, nicht über 300 Thaler zu stehen kommen.

c) Gebrauch der bleyernen Geräthschaften.

§. 35. Wer sich der Gefäße von Bley bedienen will, muß vor allen Dingen Sorge tragen, daß solche aus einem völlig reinen, nicht kupferhaltigen Bley angefertigt worden sind, weil sie sonst, gleich dem Kupfer selbst, nachtheilig auf die darin zu bearbeitenden Substanzen wirken können.

§. 36. Das Bley ist zwar ein der Gesundheit nicht weniger nachtheiliges Metall als das Kupfer; dieser Nachtheil hat aber, bey der Anwendung bleyerner Geräthe zur Anfertigung des Syrups aus Stärke, nicht den geringsten Einfluß, weil es aus chemischen Gründen unmöglich ist, daß hier eine Verunreinigung des Syrups mit Bley statt finden kann.

§. 37. Denn das Bley wird einmal von der verdünneten Schwefelsäure, selbst beym anhaltendsten Kochen mit derselben, gar nicht von dieser Säure angegriffen; falls sie aber auch mit Salpetersäure verunreinigt seyn sollte, welche einen Eingriff auf das Bley zu machen vermögend wäre, so kann doch selbst auch hier keine Verunreinigung des Syrups mit Bley statt finden, weil das erzeugte salpetersaure Bley von der vorhandenen Schwefelsäure, gleich nach seiner Entstehung, wieder zerlegt wird, indem die Schwefelsäure, mit dem Bleyoxyd verbunden, als ein völlig unauflösliches Pulver zu Boden fällt. Nur wenn das Bley kupferhaltig war, kann solches, vermöge des Kupfers, nachtheilig werden.

§. 38. Was die Form der bleyernen Gefäße betrifft, so können selbige, so im Kleinen wie im Großen, die Gestalt ganz gewöhnlichen, mehr tiefen als weiten, Kessel besitzen deren Oeffnung mit einem hölzernen Deckel verschlossen werden kann.

§. 39. Privathaushaltungen, welche etwa aus einer Masse von 8 Pfund Stärke, mit ei-

einemmal, sich Syrup bereiten wollen, bedürfen dazu eines kleinen Kessels, der nicht mehr als 12 Berliner Quart Inhalt fasset, und das Kochen in demselben kann in jeder Küche über einem Kasserolloche mit Holzkohlen oder auch mit Torf verrichtet werden.

§. 40. Wer indessen eine größere Masse Stärke mit einemmal verarbeiten, und das Ganze fabrikmäßig betreiben will, läßt sich einen dazu passenden, verhältnißmäßig größern Kessel aus Bley anfertigen. Derselbe muß aber in jedem Fall so eingemauert werden, daß der dritte Theil desselben, von oben herab gerechnet, in der Mauer sitzt, und nur die untern zwey Drittheile vom Feuer bespielt werden können; damit hiedurch das Schmelzen des Kessels verhütet wird, wenn durch das Verdunsten der Flüssigkeit sich der obere Raum von selbiger entleeret.

§. 41. Um wegen des großen Gewichts eines solchen Kessels von Bley, das Senken seines Bodens zu verhüten, wird es rathsam seyn, den Boden desselben auf zwey eisernen Stäben ruhen zu lassen, die mit ihren Enden in das Mauerwerk eingelassen sind.

§. 42. Wer täglich etwa eine Masse von 120 Pfund Stärke mit einemmal in Syrup umwandeln will, bedarf dazu eines Kessels, der im Lichten drey Fuß vier Zoll tief ist, und zwey Fuß drey Zoll im Durchmesser hat; und in einem solchen Kessel können jährlich, zu 300 Arbeitstagen gerechnet, 36000 Pfund Syrup, oder 27000 Pfund Zucker fabricirt werden.

Von den besten quantitativen Verhältnissen der Materialien zum Syrup oder Zucker aus der Stärke.

§. 43. Um die Verfertigung des Stärkesyrups oder Zuckers auf die beste Weise und in der möglichst kürzesten Zeit zu veranstalten, ist ein richtiges und angemessenes quantitatives Verhältniß der dazu erforderlichen Materialien überaus nothwendig: weil mit der kürzesten Zeit, in der man das Kochen der Masse, bis zur Bildung einer vollkommenen Süßigkeit, vollenden kann, zugleich eine bedeutende Ersparung an Brennmaterial verbunden ist.

§. 44. Meinen vielfältig darüber angestellten Versuchen, und den daraus gezogenen Erfahrungen zufolge, kann ich folgende Verhältnisse als die besten empfehlen: auf

ein Pfund Stärke
ein ein halb Loth koncentrirte Schwefelsäure,
drey Pfund Wasser,
zwey Loth gepulverte Kreide oder Marmor, oder an deren Stelle eine andere der oben genannten kalkartigen Erden, welche zur Abstumpfung der Säure in der gekochten süßlichtsauern Flüssigkeit bestimmt sind.

§. 45. Bey der Wahl der eben gedachten

quantitativen Verhältnisse, der zur Zubereitung des Stärkesyrups erforderlichen Materialien, ist das Kochen in 8, höchstens in 10 Stunden vollendet, sey die Masse auch noch so groß, und man gewinnt ein sehr klares und süßes Produkt an Syrup.

§. 46. Wer also nach dem gedachten quantitativen Verhältniß der Materialien im Kleinen operiren, und seinen Bedarf an Stärkesyrup, zum häuslichen Gebrauch, sich selbst aus etwa acht Pfund Stärke mit einemmal bereiten will, der wird folgende Quantitäten zu wählen haben:

8 Pfund Stärke.
12 Loth koncentrirte Schwefelsäure (Vitriolöl).
24 Pfund (oder $9\frac{3}{5}$ Berliner Quart) Wasser.
16 Loth gepulverte Kreide oder Marmor ꝛc.

§. 47. Wer hingegen mehr im Großen, also fabrikmäßig, arbeiten will, etwa auf einmal mit 60 Pfund Stärke, der wird sich folgender quantitativer Verhältnisse bedienen müssen:

60 Pfund Stärke.
$2\frac{13}{16}$ Pfund koncentrirte Schwefelsäure.
180 Pfund (oder 72 Quart) Wasser.
4 Pfund Kreide oder Marmor ꝛc.

und so lassen sich die quantitativen Verhältnisse der genannten Materialien für jede größere Quantität des Syrups, die mit einemmal bereitet werden soll, in gleichem Maaße verhältnißmäßig vergrößern.

Von der Bearbeitung der genannten Materialien, um Syrup daraus zu bereiten.

§. 48. Um die gedachten Materialien auf Syrup zu verarbeiten, muß die Operation einigermaßen verschieden eingerichtet werden, je nachdem man entweder: a) in irdenen oder b) in bleyernen Gefäßen über dem Feuer; oder c) in hölzernen Gefäßen, mittelst der Wasserdämpfe operiren will.

Kochen des Syrups in irdenen oder bleyernen Gefäßen.

§. 49. Wer in irdenen oder in bleyernen Gefäßen den Syrup aus Stärke bereiten will, kann folgendermaßen dabey zu Werke gehen. Die Stärke wird mit ihrem gleichen Gewicht Wasser in einem Gefäße zur milchähnlichen Flüssigkeit angerührt, und, um dieses Fluidum von allen eingemengten klümprigen Theilen, so wie von den etwa dabey befindlichen Unreinigkeiten zu befreyen, solches durch ein Haarsieb hindurch geleitet.

§. 50. Während dieses geschiehet, bringt man das übrige Wasser in das zum Kochen bestimmte Gefäß, setzt die abgewogene Quantität der Schwefelsäure bey kleinen Portionen nach und nach hinzu, und erhitzt nun das Ganze zum Sieden.

§. 51. Wenn die saure Flüssigkeit siedet, so wird nun die mit Wasser abgeriebene Stärke, unter stetem Umrühren mit einem hölzernen Spatel, bey kleinen Portionen nach und nach in das siedende Fluidum getragen, und mit dem Umrühren der Masse nicht eher nachgelassen, bis das ganze Fluidum aufs Neue zu sieden beginnet, und die anfangs dick, zähe und kleisterartig gewordene Flüssigkeit wieder eine wasserdünne Beschaffenheit angenommen hat: eine Vorsicht, die um so nothwendiger ist, weil sonst die dicke kleisterartige Masse sich leicht am Boden der Gefäße ansetzt, hier anbrennet und das Ganze verdirbt.

§. 52. Ist die dünngewordene Flüssigkeit aufs Neue zum Sieden gekommen, dann wird das Gefäß ganz locker bedeckt, und nun das Sieden, ohne weiter in der Flüssigkeit zu rühren, anhaltend fortgesetzt. Während dieses Siedens muß man von Zeit zu Zeit den Deckel abnehmen, und die etwa verdunstete Flüssigkeit durch zugesetztes frisches Wasser (am besten vorher erwärmtes) wieder ersetzen; damit das siedende Fluidum im Gefäße wo möglich immer einen gleich hohen Stand behauptet; und so setzt man, wenn bloß Syrup bereitet werden soll, das Kochen sechs Stunden, wenn aber der gewonnene Syrup auf Zucker verarbeitet werden soll, acht, zehn bis zwölf Stunden fort.

§. 53. Nach vollendetem Sieden erscheint die Flüssigkeit durchsichtig und farbenlos, und säuerlichsüß von Geschmack. Das Gefäß wird nun vom Feuer genommen, oder wenn solches feststehet, die Flüssigkeit ausgeschöpft, und hierauf der anderweitigen Behandlung unterworfen, wie weiterhin gelehrt werden soll.

Kochen des Syrups in hölzernen Gefäßen.

§. 54. Soll das Kochen des Stärkesyrups in hölzernen Gefäßen veranstaltet werden, so wird folgendermaßen operirt. Nachdem der Dampfkessel bis an seine Wölbung mit Wasser angefüllet worden ist, macht man Feuer unter demselben. Nun füllet man auch das Kochfaß mit zwey Drittheilen des zur Arbeit bestimmten Wassers an, gießt die dazu bestimmte Quantität der koncentrirten Schwefelsäure hinzu, rührt alles recht wohl untereinander, und läßt nun die Dämpfe, welche sich aus dem siedenden Wasser entwickeln, durch Hülfe des Dunstleitungsrohrs, welches mit seiner untern Oeffnung auf den Boden des Kochfasses reicht, in das gesäuerte Wasser treten, und zwar so lange, bis solches zum Sieden kommt.

§. 55. Unterdessen wird die Stärke mit dem übrigen Drittheil des Wassers kalt angerührt, das gebildete Milchähnliche Fluidum durch ein Haarsieb geleitet, hierauf unter stetem Umrühren mit dem gesäuerten Wasser gemengt, und auch hier das Rühren mit einem hölzernen Spatel so lange fortgesetzt, bis die anfangs dickgewordene kleisterartige Masse wieder eine fast wasserdünne Beschaffenheit angenommen hat, und aufs Neue zum Sieden gekommen ist.

§. 56. Von nun an wird das Faß mit seinem Deckel locker zugedeckt, und das Sieden der Flüssigkeit, wie vorher gedacht worden, zum Syrup 6 Stunden, zum Zucker hingegen 8, 10 bis 12 Stunden lang fortgesetzt.

§. 57. Hat man mit einer gewöhnlichen, nicht weiter mit Hahn und Ventil versehenen Destillirblase gearbeitet, so muß, nach beendigtem Sieden der Flüssigkeit in derselben, sogleich der Helm geöfnet werden, um die äußere Luft in den innern Raum zu leiten; im gegenseitigen Fall könnte sonst leicht, durch den Druck der äußern Luft auf die Oberfläche der Flüssigkeit, solche aus dem Fasse in den Blasenkessel durch das Dunstleitungsrohr hindurch getrieben werden.

§. 58. Arbeitet man hingegen mit dem früher beschriebenen Dampfapparat, so darf man nach beendigtem Kochen nur den Hahn im Leitungsrohr verschließen, um das Uebersteigen der gekochten Flüssigkeit in den Dampfkessel zu verhüten.

Das Abstumpfen oder Entsäuern der gekochten Flüssigkeit.

§. 59. Die gekochte Flüssigkeit ist nun vorbereitet, um entsäuert zu werden. Zu dem Behuf leitet man dieselbe aus dem Kochfasse, mittelst eines an seinem untern Theil angebrachten Zapfens, in ein anderes reines Gefäß von Holz über, und rührt nun, nach und nach und bey kleinen Portionen, die dazu bestimmte Quantität zart gepulverter Kreide, oder Marmor, oder eine andere kalkartige Erde hinzu.

§. 60. Weil die Masse beym Einrühren der genannten säuredämpfenden Substanzen stark aufschäumet, so muß das Gefäß ziemlich geräumig seyn, um das Ueberschießen der Masse zu verhindern. Man läßt nun alles in dem Gefäße 24 Stunden bedeckt stehen, während welcher Zeit, den Tag über wenigstens jede Stunde einmal, die Masse mit einem hölzernen Spatel wohl umgerührt werden muß, um die zugesetzte säuredämpfende Erde mit der Säure in erneuerte Berührung zu bringen, damit alle Theile der freyen Säure vollkommen absorbirt werden können.

§. 61. Nach dem Zeitraum von 24 Stunden, findet man die Säure verschwunden, und die Flüssigkeit dagegen angenehm süß von Geschmack. Um überzeugt zu seyn, daß sie vollkommen von aller Säure befreyet worden ist, darf man nur ein Streifchen mit Lackmus blau gefärbtes Papier hineintauchen. Wenn solches nach einem Zeitraum von 5 Minuten blau, also unverändert herauskommt, so ist sicher alle Säure entnommen. Kommt solches aber röthlich gefärbt aus der Flüssigkeit heraus, so enthält sie noch freye Säure. Die Masse muß nun nochmals umgerührt und fernerhin so lange stehen gelassen werden, bis sie das Lackmuspapier nicht mehr röthet.

§. 62. Wenn die Flüssigkeit von aller anklebenden freyen Säure befreyet worden ist, so findet man unter derselben, am Boden des Gefäßes, einen weißen erdigen Satz, der größtentheils in einem Gemenge von schwefelsaurem Kalk (Gyps), und rohem Kalk, der überflüssig dabey war, besteht; die darüberstehende Flüssigkeit selbst, erscheint aber klar und farbenlos.

Das Durchseihen der Flüssigkeit und das Auslaugen des erdigen Rückstandes.

§. 63. Um die entsäuerte Flüssigkeit von dem darunter liegenden Gyps zu sondern, wird solche mittelst eines an der Seite des Gefäßes, einige Zoll hoch über dem Bodensatz, angebrachten hölzernen Zapfens abgezogen, und, um alle noch dabey befindliche Unreinigkeiten davon zu trennen, durch einen Spitzbeutel von Molton geseihet. Der erdige Rückstand wird hingegen mit frischem Wasser aufgerührt, und gleichfalls auf den Spitzbeutel geworfen, auf welchem derselbe nun so oft mit neuem Wasser übergossen wird, bis solches völlig geschmacklos abläuft. Der ausgesüßte Rückstand hat nun weiter keinen Werth und wird weggeworfen.

Das Abdunsten der süßen Flüssigkeit.

§. 64. Die durchgeseihete Flüssigkeit enthält nun den gebildeten Stärkezucker in Wasser gelöst; er ist aber in dieser Lösung zugleich mit einer bedeutenden Menge Gyps verbunden, welcher aus dem erdigen Rückstande mit aufgelöst worden war. Jener Gyps ertheilt der Flüssigkeit einen etwas herben erdigen Geschmack, und muß daher abgesondert werden.

§. 65. Zu dem Behuf wird nun das süße Fluidum der Abdunstung unterworfen. Da diese Flüssigkeit jetzt keine freye Säure mehr enthält, so kann das Abdunsten nun ohne Bedenken und ohne eine Verunreinigung mit Kupfer zu befürchten, in einem blank gescheuerten kupfernen Kessel veranstaltet werden.

§. 66. Bey diesem Abdunsten ist es gut, das Fluidum nur dem Sieden nahe zu erhalten, ohne solches selbst ins Kochen kommen zu lassen, weil sonst der daraus zu gewinnende Syrup weniger klar und farbenlos wird.

§. 67. Um aber das Abdunsten zu beschleunigen, und solches in der möglichst kürzesten Zeit, mit dem möglichst kleinsten Aufwand von Brennmaterial zu verrichten, ist es gut, sich sehr flacher Abdunstungskessel zu bedienen, und dieselben dergestalt einmauern zu lassen, daß der vierte Theil ihrer Tiefe, von oben herab gerechnet, nie vom Feuer bespielt werden kann. Auch muß man Sorge tragen, daß, während des Verdunstens der Flüssigkeit, immer wieder so viel nachgegossen wird, daß der Kessel stets ziemlich damit angefüllt bleibt.

§. 68. Wer sehr im Großen arbeiten will, kann sich zum Abdunsten länglicht viereckiger Pfannen bedienen, die jedoch nie über 12 Zoll tief seyn dürfen, wenn man nicht das Abdunsten zu sehr verlängern will.

§. 69. Das Abdunsten der Flüssigkeit wird nun so lange fortgesetzt, bis eine Probe der aus dem Gefäß herausgenommenen Flüssigkeit, nach dem Erkalten, die Konsistens eines ganz dünnflüssigen Syrups angenommen hat.

§. 70. Sie wird nun, noch siedend heiß, durch einen Spitzbeutel von Flanell oder Molton geseihet, wobey der Syrup klar durchläuft, eine bedeutende Quantität Gyps aber, welcher während dem Abdunsten sich ausgeschieden hat, in dem Beutel zurück bleibt.

§. 71. Um den Syrup nicht zu verlieren, welcher in diesem rückständigen Gyps steckt, muß solcher durch zugegossenes heißes Wasser ausgesüßt werden. Die durchgelaufene süße Flüssigkeit kann dann, bey einer fernern Abdunstung, mit verarbeitet werden.

§. 72. Jener **dünnflüssige Syrup** wird nun aufs Neue in einen blank gescheuerten kupfernen Kessel gebracht, und so langsam wie möglich fernerhin so weit abgedunstet, bis eine Probe, die man herausnimmt, nach dem völligen Erkalten, die Konsistens und Zähigkeit des dickflüssigen gemeinen indischen Zuckersyrups angenommen hat.

§. 73. In diesem Zustande wird nun der Syrup so schnell wie möglich aus dem Kessel herausgenommen und in hölzerne Gefäße gefüllt, um ihn verkalten zu lassen. Er ist nun Kaufmannsgut zum Debit.

§. 74. Hat man eine recht gute und reine Stärke angewendet, und ist bey der Arbeit nichts verschüttet worden, oder sonst verloren gegangen, so gewinnt man aus 100 Pfund der angewandten Stärke, 110 bis 112 Pfund des fertigen Syrups, der von einer gelben Farbe und sehr angenehmen süßen Geschmack ist.

Von der Verfertigung des Stärkezuckers.

§. 75. Der vorgedachte, durch ein sechsstündiges Kochen der Masse bereitete Syrup, kann bloß als Syrup gebraucht werden, weil er nicht leicht kristallisirbar ist. Soll dagegen ein Syrup dargestellt werden, aus dem durch die Kristallisation Zucker geschieden werden kann, so muß das Kochen der Masse zehn bis zwölf Stunden verrichtet worden seyn, bis die Entsäuerung derselben vorgenommen wird.

§. 76. In diesem Zustande ist der Syrup

eine Verbindung von kristallisirbarem Stärkezucker und Wasser, und gehet nun unter den nöthigen Bedingungen leicht in eine kristallinische Form über.

§. 76. Um aber den Stärkesyrup zur Kristallisation vorzubereiten, darf derselbe nicht zu konsistent eingedickt seyn, sondern muß eine dünnflüssige Beschaffenheit besitzen, weil, wenn nicht die erforderliche Quantität Kristallisationswasser vorhanden ist, die Kristallisation sehr schlecht von statten gehet.

§. 77. Um die Kristallisation eines solchen Syrups zu veranlassen, ist es hinreichend, ihn in irdenen Schalen hinzustellen, da denn die Kristallisation in sechs bis acht Tagen von selbst erfolgt, worauf der kristallinische Zucker herausgenommen, auf Papier gelegt, und an der warmen Luft vollends ausgetrocknet wird. Er besitzt eine gelbliche Farbe, und seine Süßigkeit ist immer mit einem schwachen bittern Beygeschmack vermengt.

Reinigung des Stärkezuckers.

§. 78. Die eigenthümliche dem gewöhnlichen Stärkezucker beywohnende Bitterkeit, macht ihn in diesem Zustande, ohne vorhergegangene Reinigung, wenigstens nicht zu jedem Behuf brauchbar.

§. 79. Welches die wahre Ursache der Bitterkeit dieses Stärkezuckers ausmacht, ist noch nicht genau bekannt. Sie scheint aber in einem eigenthümlichen bittern Wesen zu bestehen, das, wie gleich gelehrt werden soll, daraus abgeschieden werden kann.

§. 80. Um die Reinigung des Stärkezukkers zu veranstalten, und ihn dadurch von aller Bitterkeit zu befreyen, folglich denselben zu einem allgemeinen Stellvertreter des indischen Zuckers geschickt zu machen, ist es hinreichend, den Syrup, wie vorher bemerkt worden, nur bis zur Dünnflüssigkeit abzudunsten, und ihn sodann nur so weit erstarren zu lassen, daß solcher die Konsistens eines liquiden körnigen Honigs angenommen hat.

§. 81. In diesem Zustande wird derselbe nun in leinene oder noch besser in härne Tücher eingeschlagen, und mittelst einer gewöhnlichen Presse dem Auspressen unterworfen.

§. 82. Hiebey fließt ein brauner bittersüß schmeckender Syrup ab, dahingegen der Zucker selbst, als eine trockne Substanz von rein süßem Geschmack, im Preßtuche zurück bleibt, und nun an der Luft völlig austrocknet.

§. 83. Der abgeflossene Syrup liefert, wenn solcher eine Zeitlang stehet, noch mehr geronnene Zuckersubstanz, die durch ein abermaliges Auspressen ihres bittern Geschmacks beraubt und zu Gute gemacht werden kann.

§. 84. Was alsdann an süßlichtbitter schmeckendem Fluidum noch zurück bleibt, dienet noch dazu, um Branntwein daraus zu bereiten, wenn jenes Fluidum mit warmem Wasser verdünnet und mit einem Zusatz von Hefe in Fermentation gesetzt, die ausgegohrne Masse sodann aber erst zu Lutter gezogen, und der erhaltene Lutter geweinet wird.

§. 85. Der auf jenem Wege gereinigte Zucker, zeichnet sich durch einen meist farbenlosen Zustand und durch einen rein süßen Geschmack aus, so daß derselbe nicht allein zum Versüßen der Speisen, sondern auch im Thee und im Kaffe, statt des gewöhnlichen indischen Zuckers benutzt werden kann.

Kristallisation des gereinigten Stärkezuckers.

§. 86. Um jenen ausgepreßten gereinigten Stärkezucker, der nun in Form einer mehlartigen locker zusammenhängenden Substanz erscheint, eine dem indischen Zucker völlig ähnliche poröse körnigt kristallinische Form zu ertheilen, ist es hinreichend, solchen in der Hälfte seines Gewichts siedend heißem Wasser wieder aufzulösen, die Auflösung aber, nachdem sie sich bis zur Temperatur der Milchwärme abgekühlt hat, für jedes Pfund der gelöseten trockenen Substanz, mit der Hälfte von dem Weißen eines Eies zu vermengen, das Gemenge 10 Minuten lang im Sieden zu erhalten, dann durch Flanell zu gießen, und den durchgeseiheten Syrup nun in gewöhnliche, inwendig glasirte, Zuckerhutformen zu gießen: in denen derselbe nun, während des Zeitraums von acht bis zehn Tagen, kristallisirt.

§. 87. Ist die Kristallisation vollendet, und nur noch wenig Flüssigkeit vorhanden, so wird die Spitze der Form geöfnet, da denn das noch flüssige Wesen allmählig abläuft, der erstarrte Zucker aber in der Form zurück bleibt.

§. 88. Wenn kein Syrup mehr abfließt, wird nun der Zucker aus der Form herausgenommen und in der freyen Luft einer mäßig geheizten Stube, nach und nach vollends ausgetrocknet.

§. 89. Die abgelaufene Flüssigkeit kann als Syrup benutzt werden; auch gerinnt sie nach und nach ebenfalls zu Zucker.

Verhältniß der Süßigkeit des gereinigten Stärkezuckers gegen indischen Zucker.

§. 90. Der Stärkezucker unterscheidet sich vom indischen Rohrzucker, so wie vom Runkelrübenzucker dadurch, daß er a) nur ein zähes, keinesweges ein hartes springbares kristallinisches Korn bildet; b) dadurch, daß er weniger Süßigkeit als der indische Zucker besitzt.

§. 91. Das Verhältniß der Süßigkeit des Stärkezuckers gegen den indischen Zukker, ist übrigens nicht immer gleich. Zuweilen versüßen $1\frac{1}{4}$ Stärkezucker eben so viel als 1 Theil indischer Zucker. Zuweilen werden davon gegen den indischen Zucker fast anderthalb bis zwey volle Theile erforforderk, um einen gleichen Grad der Süßigkeit zu veranlassen.

§. 92. Dieser Unterschied scheint einzig und allein von der Zeit des Kochens abzuhängen, die man angewendet hat. Ein zehnstündiges Kochen der Masse scheint nothwendig zu seyn, um einen völlig süßen kristallisirbaren Zucker zu erhalten, nämlich einen solchen, der sich in seiner versüßenden Kraft zum indischen Zucker wie 5 : 4 verhält, d. i. von den 5 Theilen eben so viel versüßen als 4 Theile indischer Zucker.

§. 93. Kocht man die Masse nur 8 Stunden, so werden $1\frac{1}{2}$ Theil Stärkezucker, gegen einen Theil indischen, erfordert, um eine gleiche Versüßung zu veranlaßen.

§. 94. Kocht man sie endlich nur sechs Stunden, so gewinnt man bloß einen nicht kristallisirbaren Syrup, wovon zwey Theile gegen einen Theil indischen Zucker erfordert werden, um eine gleiche Versüßung zu erreichen.

§. 95. Diese Erfahrungen haben mich davon überzeugt, daß diejenigen sich sehr irren, welche glauben, daß ein sechsstündiges Kochen schon völlig hinreichend sey, um die Süßigkeit der Masse vollständig zu machen.

§. 96. Indem ich den Lesern dieses Buches diese gemachten Erfahrungen hier zur Kenntniß bringe, wünsche ich recht herzlich, daß sie den möglichst größten Nutzen daraus ziehen mögen.

Zweiter Abschnitt.

Die Verfertigung des Zuckers, aus dem Safte der Ahornbäume.

Erste Abtheilung.

Fabrikation des Ahornzuckers in Amerika.

§. 97. Daß der Saft von dem Zucker-Ahorn, eine dem Zucker gleiche Substanz liefert, welche die Stelle des gemeinen Zuckers vertreten kann, war schon seit mehrern Jahren bekannt, und zwar vorzüglich in den nordamerikanischen Staaten. Daß aber die Staaten von Neuyork und Pensylvanien allein, an diesem Baume so reich sind, daß sie die sämmtlichen vereinigten Staaten mit Zukker versehen könnten, dieß ist nur erst seit wenigen Jahren in das gehörige Licht versetzt worden.

§. 98. Ein Mann der schon seit vielen Jahren mit der gewöhnlichen Bereitung dieses Artikels bekannt war, wollte die neue Methode versuchen, er verschafte sich von einem dasigen Zuckersieder einige Anweisung, und nun unternahm er ohne weitere fremde Hülfe, seine Versuche zu Stockport, welches drei Meilen von dem Zusammenflusse des Mohook und Popathtunck, zweier Arme des Delaware liegt. Er wurde bald gewahr, daß diese Kunst noch in ihrer Kindheit lag, und daß man, wenn sie merkwürdige Fortschritte machen sollte, beim Einsieden des rohen Saftes, und beim Anschießen des Syrups, ganz andere Methoden befolgen müsse, als die bisher üblichen; er sah ein, daß er bei gehöriger Aufmerksamkeit, und mit Anwendung verbesserter Methoden, im Stande seyn würde, einen Ahornzucker zu liefern, der dem besten gewöhnlichen Zucker an Farbe, Korn und Geschmack nichts nachgeben könne, wo er ihn nicht gar überträfe. Die Erfahrung hat diese seine Vermuthungen und Hofnungen vollkommen bestätigt: derjenige Zucker, den er verfertigt und nach Philadelphia geschickt hat, kömmt, nach dem Urtheile sachkundiger Personen, dem besten westindischen Zucker gleich.

§. 99. Der oben erwähnte Mann, dessen Meinung sowohl seiner Erfahrung in diesem Fache, als auch seines unbescholtenen Charakters wegen, alle Aufmerksamkeit verdient, glaubt behaupten zu können: vier thätige Männer, die man mit allem nöthigen Geräthe versehen hat, seyen im Stande, in Zeit von vier oder sechs Wochen 4000 Schiffpfund (Weight) guten Zukker zu bereiten, also der Mann 1000 Pfund. Wenn dieß vier Menschen zu leisten im Stande sind, was läßt sich nicht von der unermeßlichen Anzahl von Menschen erwarten, die jenen an Zuckerahorn so reichen unermeßlichen Strich Landes, entweder schon bewohnen, oder in Zukunft noch beziehen können, wenn sie sich entweder einzeln, oder auch in Gesellschaften vereint, mit der Gewinnung des Ahornzuckers beschäftigen sollten. Welches unermeßliche Feld eröfnet sich hier unsern Augen! Welcher wichtige Nahrungszweig für die Menschheit! Ist dieser Gegenstand nicht der Aufmerksamkeit eines jeden guten Bürgers würdig? Verdient er nicht Aufmunterung von Seiten der Nation?

Beschreibung der nöthigen Werkzeuge.

§. 100. Es werden erfordert 1) 16 Kessel, jeder von 15 Gallonen (= 48 Berliner Quart); 2) zwey eiserne Löffel, die Höhlung eines jeden muß drei bis vier Quart halten, sie dienen den Syrup zu schöpfen; ihre Handhabe endigt sich in einem hohlen Cylinder, damit man sie mittelst eines hölzernen Stiels nach Belieben verlängern könne.

3) Kesselhacken (Trammels or Pot-Ranks) sechzehn Stück, für jeden Kessel einen; ihr flacher Stiel ist achtzehn Zoll lang und abgerundet. 4) Filtrir-Beutel. 5) Bohrer, vier Stück, von einem halben, dreiviertel und einem ganzen Zoll im Durchmesser, zum Anbohren der Bäume. Obgleich der Zuckerahorn ein harter Baum ist, so würden ihm doch jährlich wiederholte Einschnitte nicht zuträglich seyn, und man muß sie vermeiden; das Einbohren ist eben so bequem, um den Saft zu erhalten, und thut dem Baume keinen Schaden.

6) Eimer (Buckets) 8 oder 10 Stück,

jeder von drei Gallonen (= 8 — 9 Quart), den Saft darin aufzufangen.

7) Deckel (Boards) 8 oder 10 Stück, um die Eimer zu bedecken, und das Ueberspritzen des Saftes beim Tragen zu verhindern.

8) Kühlgefäße: drei oder vier Tienen (oder Kessel) von ohngefähr funfzehn Gallonen (= 48 Quart) jede. In diese gießt man den Syrup aus dem Kochkessel, wenn man ihn so weit eingedickt hat, daß er sich bei der Probe mit dem Probier-Stecken, zwischen den Fingern zu einem Faden ziehen läßt, wie dies unten näher beschrieben wird.

9) Schulterhölzer (Yokes,) vier Stück, zum Gebrauch der Personen, die den Saft einsammeln; an jedem Ende eines jeden dieser Hölzer hängt ein Eimer.

10) Tröge, achthundert, sie müssen von Edel-Tannen, eschenblättrigem Ahorn, Zitter-Pappel, Linden, Tulpen-Baum oder Zuckerahorn-Holz verfertigt seyn. Grau Wallnuß-Kastanien- und Eichenholz, muß man zu diesem Gebrauche vermeiden, weil sie den Saft entweder färben, oder ihm einen unangenehmen Geschmack geben. Ein in dieser Arbeit geübter Mensch, kann in einem Tage das Holz zu 20 solchen Trögen hauen, und sie auch aushöhlen; sie müssen 2 bis 3 Gallonen (16 — 24 Pfund) halten. Die weitesten müssen an solchen Bäumen untergesetzt werden, die den meisten Saft enthalten, und folglich beim Anbohren den weitesten Strahl geben. Das Holz

des eschenblättrigen Ahorn und der Edeltanne kann frisch zu diesen Trögen verarbeitet werden; die andern oben angeführten Holzarten, bedürfen noch einer besondern Vorbereitung, wenn die daraus verfertigten Tröge nicht lecken sollen.

11) Vorraths-Tröge (store troughs): dies sind große Tröge, die durch ein Boot ersetzt werden können, wie denn dies in solchen Gegenden, wo man noch nicht eingerichtet ist, häufig geschiehet: ein solcher Trog wird am besten von Edel-Tannenholz gemacht. In dieser Absicht fället man einen großen Baum von dieser Gattung, legt ihn horizontal, und höhlt ihn an seiner obern Seite wie eine Krippe aus; je größer man ihn machen kann, je besser ist's. Eschenblättriger Ahorn und Lindenholz sind dazu ebenfalls brauchbar. Sollte der eine oder der andere von diesen Trögen Risse bekommen und leck werden, so können diese ausgebessert werden. Diese Tröge müssen in einer geringen Entfernung von den Siedekesseln an einem kühlen Orte aufgestellt werden, man muß sie durch eine Bedeckung schützen, damit Regen und Schnee nicht in den Saft falle. Ueber diese Tröge spannt man eine Leinewand so aus, daß ihr mittleres Ende gebraucht werden kann, den Saft zu filtriren, den man aus den Eimern in den Vorrathstrog gießt, und das andere sich anwenden läßt, den Saft durchzuseihen, wenn man ihn aus dem Vorrathstrog in den Kessel bringen will.

12) Schuppen-Wände. Die eben beschriebene Methode, deren man sich zur Fabrikation des Zuckers auf dem flachen Lande bedient, ist manchen Unbequemlichkeiten unterworfen, und zwar vorzüglich bei windigem Wetter, wo nicht allein Asche und Laub den Saft verunreinigen, sondern wo das Feuer auch ververhindert wird, dem Kessel eine gleichförmige Hitze mitzutheilen. Um diesen Unbequemlichkeiten abzuhelfen, ist es rathsam, auf der Feuerstätte eine 18 bis 20 Zoll hohe Rückwand aufzuführen, die so lang ist, daß man alle Kessel daran anbringen kann. Diese Wand kann man aus Steinen errichten, die man mit Lehm zusammenfügt; Kalkmörtel ist hier nicht anwendbar. Um die Asche sammeln zu können, und um ein gleichförmiges Feuer unter den Kesseln zu erhalten, mache man unter dieselben einen 3 Fuß breiten Herdt von flachen Steinen, der mit der Rückwand von gleicher Länge sey. Da bey freistehenden Kesseln die an den Enden befindlichen selten so gut kochen, als die in der Mitte, so errichte man eine Art von Schuppen, der den ganzen Heerd bedecke und beschirme, und bringe in demselben einen Abzug für den Rauch an. Durch diese Vorrichtung sind die Kessel gegen Wind und Wetter geschützt. Um den Syrup zum Krystallisiren zu bringen, nachdem er in den Kochkesseln gehörig vorbereitet worden, ist es gut, einen eigenen Schuppen zu haben, in welchem zwey von den erwähnten 16 Kesseln stehen.

§. 101. Zur Feuerung sind die Steinkohlen dem Holze bey weitem vorzuziehen, sie geben eine weit gleichförmigere Hitze, und der Syrup brennt dabey nicht so leicht an. Die besagte Rückwand muß außer dem Rücken der Feuerstätte auch ihre Enden einfassen, nebst dem mit solchen Steinen ausgelegten Heerdt, der die Steinkohlen zu enthalten bestimmt ist.

13) Feuerböcke (And-Trons) von gegossenem Eisen; ihr längster Theil ist zwey und einen halben Fuß lang und zwey Zoll breit. An ihrem einen Ende sind sie 4 Zoll in die Höhe, und am andern Ende 2 Zoll nach unten gebogen, um das Herunterrollen des Holzes zu verhindern. Von diesen Böcken stellt man mehr oder weniger, nachdem die Feuerstätte größer oder kleiner ist, in einer Entfernung von 6 Fuß von einander auf.

14) Zucker-Formen. Diese müssen aus besonders zubereitetem Holze, oder aus solchem verfertigt seyn, welches dem Zucker von Natur keinen Geschmack mittheilt. In Westindien bedienet man sich irdener Formen, und diese waren auch in unsern Siedereien üblich, allein seit einem Jahre hat man jene durch hölzerne Gefäße in Gestalt eines Mühltrichters ersetzt, diese sind ohngefähr 27 Zoll lang, ihr größter Durchmesser ist oben, und beträgt zehn oder zwölf Zoll, nach unten zu nehmen sie allmählig ab, und ihre unterste Spitze hält nur einen Zoll im Durchmesser.

15) Gestelle um die Formen zu tra-

gen: diese müssen so eingerichtet seyn, daß die oben-beschriebenen Formen bis zu ihrer halben Höhe darin eingesenkt werden können.

16) Tropfrinnen. Diese werden auf den Gestellen unter den Formen in einer geneigten Lage angebracht, und ihr unterstes Ende führt zu bedeckten Gefäßen. Werden nun die Zapfen aus den Formen herausgezogen, welches 24 Stunden nach dem Anfüllen derselben geschiehet, so läuft die rückständige Melasse durch diese Rinnen in die bedeckten Gefäße, und ist gegen Luftstaub und Unreinigkeiten gesichert.

17) Pflöcke, von Eisen oder auch von Holz; sie müssen 12 Zoll lang, an dem einen Ende einen halben Zoll dick, und am andern ausgespitzt seyn. Wenn man das untere Ende der Formen verstopft hat, so steckt man einige Stunden nachdem dieses geschehen, besagte Pflöcke 3 oder 4 Zoll tief in die Masse, womit man die Oeffnung vermacht hat, damit ein Loch entstehe, durch welches man nachher die Melasse durch Herausziehen des Pflocks ablassen könne.

Behandlungsart des Zuckerahorn-Saftes.

§. 102. Die zum Anbohren der Bäume schickliche Jahreszeit. Versuche haben gezeigt, daß man schon im Februar mit dem Anbohren den Anfang machen könne; in diesem Monate enthalten die Bäume schon eine ziemliche Quantität Saft; hier finden jedoch nach der jedesmaligen Witterung Abweichungen statt.

§. 103 Das Anbohren. Man bestimmt 400 Bäume zum Anbohren; im Februar werden in jeden Baum zwei Löcher an der Südseite, und zwey an der Nordseite mit einem Bohrer gemacht, der nach der Dicke des Stamms, am Orte wo man ansetzt, einen halben bis einen Zoll im Durchmesser hält; im Frühjahr bohrt man eine gleiche Anzahl von Bäumen an. Diese Einrichtung ist bey Anwendung zweier Arbeiter die beste, und weit bequemer, als 800 Bäume zugleich vorzunehmen. Der Saft, den man beim zweiten Anbohren bekömmt, soll reichhaltiger seyn, als der, welchen man beim ersten erhält. Der Bohrer muß anfangs nur $\frac{3}{4}$ Zoll tief in den Baum getrieben werden, nachher kann man das Loch 2 bis $2\frac{1}{2}$ Zoll tief machen, je nachdem man siehet, daß der Saft schneller oder langsamer läuft; es muß von unten nach oben zu schief eingebohrt werden, um das Ablaufen zu befördern, denn der Saft könnte, wenn er sich zu langsam bewegt, bey kaltem Wetter leicht um die Mündung Eis ansetzen. In das Loch steckt man eine Röhre von 8 bis 12 Zoll Länge, die aber nur einen halben Zoll tief eingebracht werden darf, weil sie sonst der Flüssigkeit den Weg selbst versperrt. Hierzu nimmt man ausgehöhlte Hollunderzweige.

§. 104. Aufbewahrung des Saftes. Man hat gefunden, daß sich der Saft in der früheren Jahreszeit 2 bis 3 Tage ohne Nachtheil aufheben läßt. Wenn aber bei herrannähendem Frühling gelinder Wetter einfällt, so ist es nothwendig, denselben gleich den Tag nach dem Einsammeln zu versieden, sonst gehet er in die saure Gährung über.

§. 105. Kalk. Jedem Kessel von einer halben Tonne oder 15 Gallonen, setzt man einen Eßlöffel voll gelöschten Kalk zu, man wirft ihn in den Saft, wenn dieser anfängt warm zu werden, und ehe er kocht. Dieser Zusatz befördert sowohl das Absetzen des Schaums, als auch das Krystallisiren.

§. 106. Das Sieden. Man giebt anfangs heftiges Feuer, um die Wässrigkeit zu verdunsten; sobald der Schaum zum Vorschein kommt, muß man ihn sorgfältig abnehmen. Wenn die Flüssigkeit bis zur Hälfte eingetroffen ist, gießt man den Inhalt zweier Kessel in einen einzigen; bei weiter fortgesetztem Eindicken thut man dasselbe mit dreien oder vieren, und so weiter, bis endlich die ganze Masse in den letzten Kessel beisammen ist; die erledigten Kessel füllt man ohne Zeitverlust mit frischem Safte. Wenn die Masse im letzten Kessel, die Konsistenz eines Syrups angenommen hat, wird sie durch eine nicht allzugrobe Leinwand, oder durch ein Stück wollenes Zeug durchgeseihet; aber man hüte sich ja, das Eindicken so weit zu treiben, daß dieses Durchseihen unmöglich wird. Wenn der Syrup so von seinen gröbern Unreinigkeiten befreit ist, läßt man ihn in Eimern oder andern schicklichen Gefäßen 12 Stunden stehen, damit sich die Kalktheilchen oder andere fremde Substanzen, die sich noch darin befinden könnten, absetzen; und nach dieser Zeit gießt man ihn so vorsichtig in einen reinen Kessel, daß vom Bodensatze nichts mitfließe. Die hier entstandenen Bodensätze muß man nicht wegwerfen, man übergießt sie mit frischem Safte; rührt alles wohl um, und läßt es setzen, so erhält man den größten Theil des darin befindlichen Zuckerstoffes.

§. 107. Wenn der Saft wässrig ist, wie es in der spätern Jahreszeit gewöhnlich zu sein pflegt, so muß man ihn länger sieden lassen und sorgfältiger probiren, als den dickern, den man früher gesammelt hat.

§. 108. Die eben beschriebene Methode hat man mit vielem Glücke in den letzten Jahren befolgt. Nach der Meinung erfahrner Zuckersieder, ist es sehr vortheilhaft, den Syrup nach dem Durchseihen durch das Tuch, 12 Stunden stehen zu lassen; sie glauben, wenn der Prozeß des Einsiedens einmal vorgenommen sey, so habe man mit den übrigen Operationen gar nicht zu eilen, es sey im Gegentheile nützlich, dieselben zu verschieben. Das zwölfstündige Stehenlassen hat vorzüglich die Absicht, den Kalktheilchen und andern Unreinigkeiten Zeit zu verschaffen, daß sie sich zu Boden setzen können. Man hat auch vorgeschlagen, eine gewisse Quantität frischen Saft am Abend vor dem Tage, wo man sieben will, mit Kalk zu vermengen, und ihn wohl damit umzurühren; am andern Morgen vertheilt man nun von diesem Safte, aus dem die gröbern unaufgelösten Kalktheilchen wieder abgeschieden sind, in jeden Kessel etwas. Es ist zu bemerken, daß man bei dieser Verfahrungsart mehr Kalk anwenden müsse, als bey der vorerwähnten, weil das kalte Wasser weniger davon in sich nimmt, als das warme.

§. 109. Das Körnen (Graining). Wenn der Syrup nun, nachdem er zwölf oder mehrere Stunden gestanden, wie schon oben erwähnt, in einen andern Kessel ist abgeklärt worden, so bringt man ihn über's Feuer. Ist der Kessel nicht eingemauert, oder die Vorrichtung sonst nicht so getroffen, daß das Feuer denselben nicht anders als am Boden treffen kann, so darf bey dieser Operation kein anderes Material als Kohlen gebraucht werden; denn spielt eine Flamme an den Seitenwänden des Kessels, so brennt der Syrup leicht an. Hier ist ebenfalls ein starkes Feuer nothwendig, welches aber sehr gleichförmig unterhalten werden muß. Der Zusatz von Butter, Schweineschmalz oder anderm Fette ist hier, so wie beim Sieden des rohen Saftes, nicht allein vortheilhaft, sondern durchaus nothwendig; wenn der Saft überzusteigen drohet, darf man nur ein Stück Fett von der Größe einer kleinen Muskaten-Nuß hineinwerfen, so fällt er augenblicklich wieder. Beim letzten Eindicken des Syrups ist das zu starke Steigen sehr sorgfältig zu vermeiden; hier wird eine etwas größere Menge Fett erfordert, um ihn zum Fallen zu bringen. Die Erfahrung hat gelehrt, daß man mehr Zucker erhält, wenn man das Steigen des Saftes, und vorzüglich des schon durchgeseiheten Syrups, dadurch vermeidet, daß man obenbeschriebenermaßen zu rechter Zeit Fett hineinwirft. Ob der Syrup genug eingesotten, erfährt man dadurch, daß man den beständig im Kessel befindlichen Probierstab schnell aus demselben entfernt, und nun versucht, ob die daran hängende Masse sich zwischen dem Daumen und dem Zeigefinger zu einem Faden zieht. Thut er dies, so wird er in das Kühlgefäß gegossen. In diesem wird er mit einem 3 Zoll breiten Rührstabe ohne Unterlaß so lange gerührt, bis man zwischen dem Daumen und Zeigefinger Körner darin fühlen kann; sobald sich diese zeigen, wird er in die Formen gefüllt.

§. 110. Die Erfahrung hat in den westindischen und nordamerikanischen Zuckersiedereien gelehrt, daß Fähigkeiten und eine lange Erfahrung dazu erfordert werden, um einem solchen Werke mit glücklichem Erfolge vorzustehen, und es scheint kaum möglich, solche Personen, die noch keine Sachkenntniß besitzen, durch bloße Beschreibungen von dem verschiedenen Ansehen zu unterrichten, welches der Syrup zu verschiedenen Epochen des Siedens zeigt; inzwischen läßt sich doch hoffen, daß die auf Erfahrung und Beobachtungen gegründeten Anleitungen, die wir unsern Lesern hier mittheilen, nicht unnütz seyn, sondern zur fernern Vervollkommnung des Zuckersiedens das Ihrige beitragen werden.

§. 111. Das Bleichen des Zuckers. Um den Zucker von den noch anhängenden braunen Theilen des Syrups zu reinigen, bedeckt man den obern Theil der Formen zwei oder drei Tage, nachdem man sie unten geöffnet hat, $1\frac{1}{2}$ Zoll hoch mit einem dünnen Brei aus Thon und Wasser; wenn diese erste Lage trocken ist, nimmt man sie ab, und ersetzt sie durch eine neue zwei Zoll dicke.

§. 112. Man hat bemerkt, daß der Gebrauch des Thons, das Gewicht des erhaltenen Zuckers vermindert, und zwar vorzüglich in der spätern Jahreszeit; es ist demnach wohl rathsam, hier vorsichtig zu Werke zu gehen, und das Auflegen der Thonschicht nicht öfter zu wiederholen, als es jedesmal die Umstände erfordern. Die Quantität des anzuwendenden Thons muß nach der Art verschieden sein, wie der Zucker gesotten worden ist; ist er stark (high) gesotten, so muß man mehr, ist er schwach (low) gesotten, so muß man weniger Thon anwenden. Man sagt, der Thon raube dem Zukker ohngefähr $\frac{1}{5}$ seines Gewichts, mehr oder weniger, je nachdem der Arbeiter mehr oder weniger Uebung hat. Wenn ich indessen sage, der Thon raubt dem Zucker $\frac{1}{5}$ seines Gewichts, so folgt daraus noch nicht, daß dieses Fünftel verloren sey; denn man erhält jetzt mehr Syrup, als man sonst bekommen haben würde, wenn man auch das Wasser in Abzug bringt, welches vom Thone durch den Zucker fließt.

§. 113. Wird aber ein Zuckerahorn-Stamm durch das häufige Anzapfen nicht leiden, und am Ende erschöpft werden? Diese Frage ist noch neulich von Männern aufgeworfen worden, die wegen des guten Fortgangs der neuern Zuckerfabrikation besorgt sind.

§. 114. Wir haben schon oben angemerkt, daß der Zuckerahorn ein harter Baum ist, und die Erfahrung lehrt, daß solche Bäume, die schon seit 5 und mehrern Jahren gepflanzt worden, jetzt in der Jahreszeit eben so gut Saft geben, als die neuerdings angebohrten; ja Personen, die in diesem Stücke die Erfahrung haben, behaupten: die seit langer Zeit angezapften Bäume geben einen reichern Saft, als die übrigen. Ferner läßt sich hoffen, daß die Kunst zur Veredlung dieser Bäume, wie so vieler anderer, das ihrige wird beitragen können. Es wäre wohl der Mühe werth, daß solche Männer, die im Innern der Staaten wohnen, Versuche über diesen Gegenstand anstellten; man würde vielleicht finden, daß sich diese Bäume durch Kunst aus dem Saamen eben so gut, wo nicht besser, ziehen lassen, als sie uns die Natur liefert; wie sehr könnte alsdann dieser nützliche Stamm nicht vervielfältigt werden. Bei solchen Versuchen ist gar

kein

kein Verlust zu befürchten, und sie verdienen gewiß mit Eifer betrieben zu werden.

Zweite Abtheilung.

Die Bereitung des Ahornzuckers in Oestreich.

§. 115. Die auf der Fürstl. Auersbergischen Herrschaft Nassaburg im Chrudimer Kreise des Königreichs Böhmen (49° 52′ nördlichen Breite, und 33° 30′ östlicher Länge gelegen) befindlichen Forste, enthalten eine beträchtliche Anzahl des Berg- oder gemeinen Ahorns (Acer pseudoplatanus,) und der Lenne oder des Spitzahorns (Acer platanoides.)

§. 116. Um den Einfluß, welchen Boden, Lage und Standort, auf den Erfolg der Versuche haben konnten, zu beobachten, wählte man die anzubohrenden Ahornbäume in den verschiedensten Gegenden, auf verschiedenen Gründen, und sowohl in ganz freier Lage, als in beschlossenen Revieren.

§. 117. Unter den ausgewählten Bäumen hatte keiner am Stocke weniger als 8″ Durchmesser.

§. 118. Schon gegen Ende des Februars war eine Temperatur der Atmosphäre eingetreten, bei welcher der Schnee schmolz, allein zu Anfang des Märzmonats waren wieder bedeutende Fröste eingetreten, die bis zum 7ten März vorigen Jahres anhielten. Aus Zufall, daß bei einem Thermometerstande von 2 bis 3 Graden über dem Eispunkte der Saft der Ahornbäume schon so flüssig wurde, daß man ihn hätte sammeln können, wurde die Einsammlung desselben in den ersten Tagen versäumt.

§. 119. Als aber am 7ten März v. J. die Temperatur der Atmosphäre auf 6 bis 8 Grad stieg, wurde ein in der Nähe stehender Ahornbaum zur Probe angebort, aus dem der Saft reichlich ausfloß. Es wurden nun andere zu den Versuchen bestimmte Ahornbäume angebohrt, und zwar mit einem gewöhnlichen Zimmermannsbohrer, der genau einen halben Wiener Zoll dick war.

§. 120. In die meisten Ahornbäume wurden zwei Löcher in einem Abstande von 10 bis 16 Zoll horizontal neben einander, aber 3 bis 4 Zoll von einander entfernt, auf 4 bis 6 Zoll tief eingebohrt, wobei die Richtung des Bohrloches schief von unten nach oben ging.

§. 121. In jedes Loch wurde eine leere Hollunderröhre eingesteckt, so daß der Ausfluß beider Röhren in eine untergesetzte hölzerne Kanne geschah, die zehn Maaß hielt.

§. 122. Der Saftausfluß erfolgte überall, und dauerte vom 7. März bis zum 23. April fort. Der Saft der Spitzahorne hörte einige Tage früher auf zu fließen, als der gemeinen Ahorne.

§. 123. Das Ausfließen der Bäume dauerte

indessen nicht ununterbrochen fort, sondern erfolgte mehr oder weniger schnell, je nachdem die Temperatur wärmer oder kälter war. In dem oben angegebenen Zeitraume, erfolgte der Ausfluß nur sieben Nächte hindurch ununterbrochen, in den übrigen fror es zu stark.

§. 124. Eine gleiche ununterbrochene Wirkung auf das Ausfließen, hatte auch die zu große Wärme: denn die Erfolge lehrten, daß in jener Jahrszeit an sehr warmen Tagen nur wenig oder gar kein Saft ausfloß. Am 9ten April 1810, dem sonnenreichsten und wärmsten Tage, floß nicht ein Tropfen Saft aus den sämmtlich angebohrten Bäumen. Mit dem 10. April trat hingegen Regenwetter ein, und nun begann der Saft aus allen angebohrten Bäumen so reichlich auszufließen wie vorher.

§. 125. Am reichlichsten erfolgte der Ausfluß an den Tagen, wo der Thauwind den Schnee schmolz und ihn abfließend machte.

§. 126. Selbst wenn das Erdreich gänzlich gefroren war, floß dennoch immer Saft aus den Ahornbäumen, wenn sie von der Sonne beschienen wurden.

§. 127. Ueberhaupt stimmten alle Beobachtungen zuletzt darin überein, daß eine Wärme von 5 bis 6 Grad über dem Gefrierpunkt, auch ohne Sonnenschein, den Abfluß des Ahornsaftes am meisten begünstigte.

§. 128. Die Beobachtungen über die vom 7ten März bis zum 23sten April, in 25 Tagen und 7 Nächten ausgeflossene Menge des Saftes, gaben folgende Resultate:

1) Ein gemeiner Ahornbaum, der nordwärts im Schatten stand, ohngefähr 120 Jahr alt, und ganz hohl war, und bei seiner Aufarbeitung nicht volle 1½ Klafter Holz geben wird, lieferte 113 Maaß Saft.

2) Ein Spitzahorn, der ebenfalls im Schatten gegen Nordost stehet, 130 Jahr alt, und ganz gesund ist, und 3 Klaftern Holz geben kann, lieferte 141 Maaß Saft.

3) Ein gemeiner Ahorn, welcher gegen die Sonne ausgesetzt, in einer Ebene stand, dessen Stamm nur 3 Fuß hoch, aber sehr beastet ist, und der einen schönen Garten- oder Alleenbaum bildet, von einem 60 jährigen Alter, lieferte 81 Maaß Saft.

4) Ein Spitzahorn in freier östlicher Lage, 100 Jahr alt, von unten bis oben mit vielen schwachen Aesten bewachsen, der beim Aufarbeiten eine Klafter Holz geben würde, lieferte 180 Maaß Saft.

§. 129. Stämme welche in Felsen und Steinhaufen gewurzelt waren, und mit Nahrungsmangel kämpften, lieferten nur wenig Saft. Doch fanden sich auch einige, die reichlich flossen, sie machten aber seltene Ausnahmen von dem gewöhnlichen Ertrage.

§. 130. Der auf solche Art erhaltene Saft war klar und farbenlos, gleich dem hellsten Brunnenwasser, und besaß einen angenehmen süßen Geschmack.

§. 131. Er wurde täglich zweimal, Morgens und Abends gesammelt, und die zum Abdunsten bestimmten Oerter geliefert. So wie er daselbst ankam, wurde zu zwei Maaßen desselben ein halber Löffel voll klares Kalkwasser gegeben, um das sonst leicht erfolgende Sauerwerden desselben zu verhüten, welches sonst der Kristallisation nachtheilig ist.

§. 132. Zum Abdampfen des Saftes wurden im Walde an verschiedenen Stellen 2 kupferne verzinnte Kessel eingemauert. Der erste wurde sogleich mit dem angesammelten Safte gefüllet, und anfänglich schnell geheizt, und das Fluidum stets im Sieden erhalten, der sich dabey bildende unreine Schlamm aber abgenommen. Um das Ueberschäumen der Flüssigkeit zu verhüten, wurde von Zeit zu Zeit frischer Saft nachgegossen, und so das Fluidum bis zur Hälfte des Umfanges abgedunstet, worauf solches in das zweite Abdampfgefäß kam.

§. 133. Bei dem Uebertragen in das zweite Gefäß, wurde das Fluidum durchgeseihet, und ließ auf dem Seihetuche eine schwarzbraune schwammige Materie zurück. In dem zweiten Kessel wurde die Flüssigkeit nur gelinde gesotten, das Sieden aber so lange fortgesetzt, bis das Ganze auf den zwanzigsten Theil des Umfanges abgedunstet war.

§. 134. Der soweit eingedickte Saft stellt nun einen braungelben Syrup dar, der hierauf in flachen irdenen Gefäßen bei der Ofenwärme zur Kristallisation weiter abgedunstet ward, die in Zeit von 10 bis 20 Tagen erfolgte, und zwar so vollständig, daß alles in einen trocknen Rohzucker übergieng.

§. 135. Die Beobachtungen üben die Reichhaltigkeit des Ahornsaftes an Zuckertheilen, lieferten folgende Resultate:

1) 30 bis 32 Maaß Saft vom gemeinen Ahorn lieferten ein Pfund Zucker.

2) 28 bis 30 Maaß vom Spitzahorn lieferten ebenfalls ein Pfund Zucker.

§. 136. Der Saft, welcher die letzten auffließt, ist etwas trübe, und weniger reich an Zuckertheilen; auch hat der daraus gewonnene Zucker einen herben Geschmack, der sich aber zum Theil verliert, wenn er der Sonne ausgesetzt wird.

§. 137. Kam der aufgeflossene Ahornsaft zum Gefrieren, so erstarrte bloß die Wässrigkeit, und der süße Theil kondensirte sich, wodurch also von dem zur Abdunstung erforderlichen Brennmaterial, ein bedeutendes erspart werden kann.

§. 130. Auf diese Art bearbeitet, gewann man gleich bei dem ersten Versuch 70 Pfund eines trefflichen Rohzuckers, der alle Prüfungen aushält.

§. 139. Ob dies Abzapfen des Saftes dem Gedeihen der Ahornbäume nachtheilig sey, oder nicht? dieses war eine sehr wichtige Frage, die bei diesem Gegenstande erörtert werden mußte. Was Herr Böhringer zu ihrer Beantwortung vorträgt, besteht in folgendem:

§. 140. Alle vorhandene Nachrichten aus Amerika stimmen darin überein, daß man die Ahornbäume daselbst 30, 40 ja wohl 60 Jahr hinter einander auf Zuckerproduktion zapft, und daselbst jährlich viele 1000 Centner Ahornzucker producirt; ja es ist bekannt, daß die ursprünglichen Bewohner des nördlichen Amerika, schon lange vor der Ankunft der Europäer ihre Ahornbäume anbohrten, um den Saft derselben als ein angenehmes Getränk zu genießen.

§. 141. Wäre dieses Anbohren der Ahornbäume ihrem Gedeihen nachtheilig, so würden sie allenthalben vor der Ankunft der Europäer ausgestorben seyn, und die Europäer würden nicht, seit bereits mehr als 100 Jahren, aus dem Ahornsafte daselbst haben Zucker bereiten können; auch würden, wenn man jenen Nachtheil zu befürchten Ursach gehabt hätte, ohnstreitig lange Zeit schon gegen das Anzapfen der Ahornbäume Verordnungen erlassen worden seyn.

§. 142 Aber auch in Böhmen und andern Gegenden der östreichischen Staaten sind Beispiele vorhanden, daß die in der Nähe einiger Dörfer befindlichen Ahornbäume jährlich seit undenklichen Zeiten gezapft, und der Saft zu einem geistigen Getränk benutzt worden, ohne daß ein Beispiel bekannt wäre, daß ein solcher Baum abgestorben sey.

§. 143. Als Thatsache, daß die Ahornbäume viele Jahre hindurch ohne Nachtheil für ihre Gesundheit benutzt werden können, und demohngeachtet im Durchmesser zunehmen, werden folgende merkwürdige Beispiele angeführt, und durch beigefügte Original-Urkunden bekräftiget, die in Gegenwart des Chrudimer Gubernialrathes und Kreishauptmanns aufgenommen worden sind.

§. 144. In der Nähe der Pakler-Mehlmühle, stand nahe am Hause ein gemeiner Ahornbaum, der, so viel die 48jährige Müllerswittwe, Theresia Wurzinger, aus ihrer frühen Jugend sich erinnerte, damals im Stamm einen Durchmesser von 4 bis 5 Zoll hatte.

§. 145. Jener Baum wurde durch die Theresia, und ihre noch lebende Schwester Veronica, jährlich aus 2 bis 4 Löchern abgezapft, bis zu ihrer Verehelichung. Von ihnen erlernten dieses Verfahren ihre Kinder, der jetzige Müller und sein Bruder, der jetzt Förster ist, und von diesen wieder deren Kinder, bis der Baum, um die Zufuhr zur Mühle zu erleichtern, von deren Schopfenmauer er nur 5 Zoll abstand, vom jetzigen Müller, noch kerngesund, und bei einem Diameter von 20 Zoll, vor 4 Jahren geschlagen, und als Brennholz benutzt wurde, nachdem er von seinem 16ten Jahre an, wahrscheinlich durch 39 Jahr hindurch, aus mehrern Verwundungen, einen bedeutenden Theil seines Saftes dargeboten hatte.

§. 146. Eben so ist es erwiesen, daß der Eingangs dieses Aufsatzes No. 1. gedachte Bergahorn, der 113 Maaß Saft gab, seit 40 bis 50 Jahren alljährlich gezapft worden ist, wie solches auch die an ihm erkennbaren Narben beweisen. Er ist bereits seit vielen Jahren hohl, übrigens aber von einem eben so frischen Ansehen, als diejenigen Bäume, welche gar nicht gezapft worden sind.

§. 147. Jene Thatsachen beweisen es offenbar, daß eine vernünftige Abzapfung jener Ahornbäume, den Holzzuwachs derselben vielleicht etwas vermindern, keineswegs aber gänzlich hemmen oder den Baum tödten kann; und daß überhaupt die Pflanzen jährlich eine große Menge Saft, ohne Nachtheil für ihre Gesundheit, verlieren können, beweißt die Weinrebe.

§. 148. In einem dritten Abschnitt jenes kleinen Werkes, theilt Herr Böhringer Nachrichten über den Wachsthum, den Stand, die Benutzung und die Kultur des gemeinen Ahorns und des Spitzahorns mit, die in Deutschland am gewöhnlichsten vorzukommen pflegen. Sie gehören unter die harten schnellwüchsigen Holzarten, und erwachsen in unserm Klima zu den stärksten Waldbäumen. Ihr Holz ist zwar zum Land- und Wasserbau nicht ganz anwendbar; dagegen ist solches für Wagner und Stellmacher, so wie für Tischler, Drechsler, Machinisten, Bildhauer und Muldenmacher unentbehrlich. Als Brennmaterial, ist dasselbe dem Büchenholze gleich zu setzen.

Seine Kultur ist leicht und sicher, und es ist daher keinem Zweifel unterworfen, daß für Deutschland diese beiden Ahornarten, den bis jetzt nur hin und wieder in Gärten anzutreffenden Zuckerahornbäumen, vorgezogen werden müssen.

§. 149. Beide Ahorngattungen haben eine Haupt- und viele Seitenwurzeln, und lieben einen anderthalb bis einen Fuß tiefen Boden, der aus Dammerde, mit Lehm, Sand und Steinen gemengt, mäßig feucht, aber nicht zu naß und dürre seyn darf.

§. 150. Man findet sie sowohl auf Mittelgebirgen, als in Niederungen, im milden und rauhen, jedoch selten in sehr rauhem Klima, in jeder Lage gleich prächtig.

§. 151. Sie leiden weder vom Schneedruck, noch vom Frost, und erreichen, bey ungestörtem Wuchs, nach einem Zeitraume von 80 bis 120 Jahren, eine bedeutende Höhe und und Dicke, die sie zu jedem Gebrauch anwendbar machen; man findet darunter selbst Stämme von 200 Jahren, die noch völlig gesund sind.

§. 152. Weil die Aherne gern aus den Stöcken der abgehauenen Stämme ausschlagen, so schicken sie sich auch gut zu Stangenschlaghölzern (Stock- oder Wurzelhölzern,) bei welchem Verfahren, die Beschaffenheit des Bodens die vortheilhafteste Abtriebsperiode bestimmen muß.

§. 153. Ist der Boden gut, und der Natur des Ahornbaums völlig angemessen, so räth Herr rc. Böhringer, dieselben auf eine 40, ist er aber mittelmäßig, auf eine 30jährige Abtreibsperiode einzutheilen. Auf schlechtem, d. i. auf zu nassem oder zu dürrem Boden, sollte man den Ahorn nie anpflanzen.

§. 154. Wegen der schönen Krone, die diese Baumart bei freiem Stande bildet, so wie auch wegen der schönen Form seiner Blätter und dem angenehmen Schatten, den er gewährt, behauptet er ohnstreitig den ersten Rang unter allen vorkommenden inländischen Alleenbäumen, mit Ausnahme der Obsttragenden, von denen er zwar nicht an Schönheit, wohl aber an Nützlichkeit übertroffen wird.

§. 155. Als Alleenbäume bekommt er in 30 Jahren einen Durchmesser, der ihn vollkommen zur Saftlieferung eignet, wo er noch überdies, wenn er in diesem Zustande viel Aeste bildet, sehr viel Saft liefert.

§. 156. Eben so wichtig sey die Benutzung der Ahornbäume als Klopfholz, besonders in Holzarmen Gegenden, statt der unergiebigen Weiden, die öfters in den besten Boden gepflanzt werden.

§. 157. Wo also die Weiden nicht gerade für die Landwirthschaft, in Hinsicht auf Fleschzäune, Kanäle, Sagenflechten u. s. w. unentbehrlich seien, da schicke sich der Ahornbaum als Klopfholz an Bachufer, Wege, Viehtriften, Huthweiden u. s. w., die einen dieser Baumgattung angemessenen Boden haben, und eben so an Orte, wo Erlen, Espen, Pappeln u. s. w. fortkommen.

§. 158. Die Reife seines Samens fällt in den October; wird der Saame sodann gleich ausgesäet, so keimt er im nächsten März aus. Bewahrt man ihn aber auf luftigen trocknen Böden, auf welche Art er sich einige Jahre, ohne seine Keimkraft zu verlieren, erhält, über den Winter auf, und säet ihn im Frühjahr aus, so gehet er in 5 bis 6 Wochen auf.

§. 159. Auf schattigen Waldwiesen hat die Herbstsaat, auf freien Orten und in Sonnenschulen aber, hat die Frühjahrssaat den Vorzug, weil an den letztern der Sonne ausgesetzten Orten die Vegetation früher beginnet, wodurch der im Herbst gesäete Saamen oft schon mit Ende des Aprils und im Anfange des Mai's gekeimt, und die jungen Pflanzen in diesem zarten Zustande nicht selten von eintretenden Maifrösten getroffen und zu Grunde gerichtet werden.

§. 160. In dunkeln Schlägen bedarf der Saame keiner andern Bedeckung, als des von den nahe stehenden Bäumen abfallenden Laubes; auf freien Plätzen ist es aber nöthig, daß er bis $\frac{1}{4}$ Zoll tief mit lockerer Erde bedeckt, immer feucht, und nach dem Aufgehen, wenigstens den ersten Sommer hindurch, möglichst schattig gehalten wird.

§. 161. Schon im ersten Sommer erreichen die jungen Ahornpflänzchen, unter günstigen Umständen, die Höhe von einem Fuß, und können im folgenden Herbst, oder zeitig im Frühjahr, in die Baumschulen in einer Entfernung von $1\frac{1}{2}$ Fuß, mit etwas abgenommener Herzwurzel verpflanzt und in diesem Stande so stehen gelassen werden, bis sie sich zu den verschiedenen Absichten vollkommen geeignet machen, unter welcher Zeit sie gute Wurzeln bilden, und die Pflanzenstämmchen sich dann leicht und sicher versetzen lassen.

§. 162. Beim Ausheben und Versetzen der Pflanzenstämme aus der Baumschule, muß man darauf sehen, daß ihre Wurzeln so wenig wie möglich beschädigt, die aller Vorsicht ohngeachtet aber dennoch beschädigten, mit möglichster Schonung der Faser- und Thauwurzeln, über der Verwundung mit einem scharfen Messer dergestalt abgeschnitten werden, daß der Abschnitt nicht aufwärts, sondern abwärts nach der Erde zu zu liegen komme, ferner, daß die Stämme beim Versetzen nicht tiefer oder seichter in die Erde gebracht werden, als sie vorher standen, so wie endlich, daß die Wurzeln des Pflanzenstammes in der Grube gehörig vertheilt, mit lockerer Erde ausgefüttert, angeschlämmt, und, wenn sich die durch das zugegossene Wasser breiartig gewordene Erde hinlänglich von selbst gesetzt hat, wieder frische Erde zugegeben, und dann erst der Stamm festgetreten werde.

§. 163. Zu Waldanlagen, in welchen die jungen Ahornstämme vom Rothwild, Rehen und Hasen wenig, von Schaafen und vom

Rindvieh aber gar nichts zu befürchten haben, können die Pflanzenstämme schon im ersten und zweiten Jahrsalter verwendet werden.

§. 164. Gehet die Absicht dahin, einen Hochwald zu erziehen, und werden die Pflanzenstämme von ein- oder zweijährigem Alter zum Verpflanzen gewählt, so müssen sie auf 3 Fuß, sechs bis achtjährige Stämme aber 5 Fuß von einander entfernt ausgesetzt werden.

§. 165. Soll aber eine Anlage auf Niederwald, welcher alle 30 bis 40 Jahre abgetrieben wird, gemacht werden, so ist es am besten, die Pflanzenstämme von jedem Alter, auf 4 Fuß von einander entfernt, im Verband zu setzen.

§. 166. Jene die an Alleen, Wegen, Viehtriften und Bachufern in 6 bis 10jährigem Alter zum verpflanzen kommen, werden, sowie diejenigen, welche in eigenen Ahornplantagen blos zur Zuckererzeugung bestimmt sind, in einer dreiklafterigen Entfernung im Verband den angemessensten Stand finden: nur ist zu rathen, allen auf dergleichen Stellen bestimmten Ahornbäumen, gleich in der Baumschule, die Gipfelspitze in angemessenen Höhen abzunehmen, damit sie sich noch in diesem Stande im Stamme verstärken, und astreiche Kronen bilden, wodurch sie künftig mehr Saft, als die im Hochwald vorkommenden, wenig beasteten Ahornbäume, liefern werden. Uebrigens wähle man auf mäßig feuchten Stellen besonders den Bergahorn; auf trocknen aber den

Spitzahorn, sowohl bei der Saat, als bei der Pflanzung.

§. 167. Soll das Anbohren der Ahornbäume zum Abzapfen des Saftes veranstaltet werden, so empfiehlt Herr Böhringer folgende Regeln: 1) Man bohre in die Bäume nie tiefer hinein, als der vierte Theil ihres Durchmessers beträgt. 2) Man bohre die Löcher etwas schief, von unten nach oben, damit nicht nur der Saft leicht abfließe, sondern auch keine Feuchtigkeit durch den Regen in die Oeffnung hineintreten und daselbst Fäulniß veranlassen kann. 3) In Stämme bis zum 8zölligen Durchmesser, bohre man nur ein, von 9 bis 14 zölligem Durchmesser, zwei, in alle dickern Stämme aber drei Löcher. In die Ahornbäume jeder Stärke im Hochwalde, welche in wenig Jahren die Schlagreihe trifft, und die daher in kurzem abgeholzt werden, bohre man mehr Löcher. 4) Die Hochwaldsahorne, welche die Schlagreihe noch nicht trifft, bohre man erst dann an, wenn sie das funfzigjährige Alter erreicht haben.

§. 168. Die Stangenschlaghölzer hingegen, welche auf die vierzigjährige Abtreibsperiode gesetzt sind, fange man im 28 bis 30jährigen Alter an, auf Säfterzeugung zu benutzen; jene mit der dreißigjährigen Abtreibsperiode im 22 bis 24jährigen Alter; jedoch müssen die Stangenschlaghölzer in jedem Jahre mit dem Abzapfen verschont werden, wo sie die Schlagreihe trifft; dagegen können auf jedem Schlag 40 bis 60 der untersetztesten Stangen, als Ausständer, stehen bleiben, die bis zur zweiten Abtreibsperiode auf Safterzeugung benutzt werden können.

§. 169. Die in Plantagen, an Alleen, an Wegen und Bachufern vorkommenden Ahornbäume, bohre man mit dem 30jährigen Alter auf Safterzeugung an; doch müssen billig die Kopfholzstämme in dem Jahre ihres Abtriebes, so wie die Stöcke selbst, wenigsten die beiden darauf folgenden Jahre, mit der Saftabnahme verschont werden.

5) Die Saftsammlungslöcher bleiben, nach dem Ausziehen der Röhre offen ihrem Schicksale überlassen, weil diese Löcher, wenn sie nach den in 2) gegebnen Regeln gebohrt werden, keine Feuchtigkeit halten, und ohne die geringste Zuthat oder Verstopfung sich sehr gut vernarben.

§. 170. Auch räth Herr Böhringer an, die Stämme nicht alle Jahre auf einer und derselben Seite anzubohren, sondern die Peripherie des Stammes in mehrere Jahrgänge zu theilen, damit man auf den Ort, wo man mit dem Anbohren anfing, erst dann wieder zurück komme, wenn die ersten Verwundungen bereits gänzlich vernarbt sind.

6) Je tiefer am Stock die Ahornbäume angebohrt werden, desto reichlicher erfolgt ihr Saftausfluß; je höher dagegen am Stamme das Anbohren verrichtet wird, desto weniger Saft wird erhalten.

§. 171.

§. 171. Um zu erfahren, in wie fern ein Staat seinen Bedarf an Zucker aus den Ahornbäumen selbst erzielen kann, setzt Herr Böhringer, mit besonderer Rücksicht auf die östreichischen Staaten, folgendes Kalkul fest.

§. 172. Es betrage der Bedarf des raffinirten Zuckers jährlich 100,000 Centner, so werden dazu 125,000 Centner Rohzucker erfordert.

§. 173. Wird nun der Saftertrag eines jeden Ahornbaums im Durchschnitt auf 90 Maaß gesetzt, wovon 30 ein Pfund Zucker geben, folglich 3 Pfund für einen Baum, so werden 4,166,660 Ahornbäume erforderlich seyn, um 125,000 Centner Rohzucker zu liefern.

§. 174. Nach diesem Kalkul glaubt er als wahrscheinlich annehmen zu dürfen, daß der östreichische Staat binnen einem Zeitraum von 30 Jahren, nicht nur seinen Bedarf an Zucker leicht decken, sondern selbst eine Portion würde ausführen können, wenn nämlich im ganzen Umfange der Monarchie an solchen Orten, welche zur Anpflanzung der Ahornbäume besonders geeignet sind, Plantagen angelegt würden.

§. 175. Um dieses in den Stand zu setzen, glaube Herr Böhringer daß es gut seyn möchte, wenn:

1) Alle Gutsbesitzer der Monarchie angehalten würden, die auf ihren Gütern vorkommen-

den Ahornbäume abzählen und so tabellarisch aufstellen zu lassen, daß die vorgefundenen Stämme in der Tabelle nach den Abstufungen ihres Durchmessers, z. B. von 2 bis 6 Zoll, dann von 7 bis 12, so wie endlich über 12 Zoll, summarisch aufgeführt würden, wozu noch das beiläufige Alter der Bäume, auch ob Anflug vorhanden sei oder nicht, angemerkt werde, auch die Tabelle überdieß so eingerichtet seyn dürfte, daß die Eigenthümer der Bäume, ob sie nämlich der Herrschaft oder der Gemeinde, einem Privatmann oder der Kirche angehören, ersichtlich wären.

§. 176. Diese Angaben müßten dann in jeder Provinz gesammelt, und der höchsten Staatsverwaltung eingereicht werden; welche hierdurch in Kenntniß gesetzt werden würde, ob der ganze Zuckerbedarf, oder wieviel davon bereits jetzt im Staate erzeugt werden könne, um darnach die nöthigen Maaßregeln nehmen zu können.

§. 177. Eben so würde es äusserst nothwendig seyn, und die dringendste Aufforderung verdienen, daß alle Besitzer von Ahornbäumen, so bald wie möglich sich ihrer Anzapfung unterzögen, und den Saft in so vielen Geräthen als sie besäßen, auf Zucker verarbeiteten.

§. 178. Ein solches Arangement werde hinreichend seyn, die noch Zweifelnden zu überzeugen, daß man nicht nur aus dem Ahornsafte immer Zucker gewinnen kann, sondern daß dieser Zucker auch dem indischen an die

Seite gesetzt zu werden verdienet; daß ferner, selbst beim ungünstigen Standort der Ahornbäume, und bei dem kostspieligsten Handlohn der Arbeiter, das Pfund viel wohlfeiler als der indische zu stehen kommen werde.

§. 179. Kleine Zuckerfabriken dieser Art, würden die Unternehmer praktisch belehren, wie man im Großen praktisch verfahren müsse.

2) Müßte zur Beförderung des Anbaues der Ahornbäume verordnet werden:

a) Daß jeder Gutsbesitzer des Staates, nur den 6000sten Theil seiner Dominialgründe, folglich von 60,000 Joch, nur 10 Joch seiner für die Ahornbäume angemessenen Grundstücke, wo möglich außerhalb den Waldungen, zur Errichtung einer Zuckerplantage bestimme, dieselbe daselbst anlege und unterhalte, wodurch jene 25000 Joch, zur Aufnahme von $4\frac{1}{2}$ Millionen Ahornbäumen, sich leicht eignen würden, und wozu angemessene Plätze auf jedem auch noch so geringen Gute, in jeder Lage und in jedem Klima, vorkommen werden.

b) Daß jeder Landmann angehalten würde, und zwar

ein Bauer	6	Stück
ein Halbbauer	4	—
ein Mittelbauer	2	—
ein Häusler	1	—

§. 180. Ahornbäume, ohne der Obstbaumzucht zu schaden, auf seinem Grundstücke außer dem Walde anzupflanzen, zu pflegen und zu erhalten.

§. 181. Möchte es doch irgend einmal zur Ausführung kommen, dieses gute Unternehmen, wodurch so ersprießliche Vortheile erzielt werden können!

Dritte Abtheilung.

Resultate meiner eignen Arbeiten, über die Gewinnung des Ahornzuckers.

§. 182. Der Professor Rusch in Philadelphia sagt, daß in Nordamerika ein jeder Ahornbaum im Durchschnitt 4 bis 5 Pfund Zucker liefert. Die hier bereits im Jahr 1796 von mir angestellten Versuche haben gelehrt, daß ein gehörig ausgewachsener Baum vom Acer saccharinum oder Acer Dacycarpum, $3\frac{1}{2}$ bis 4 Pfund Zucker liefern kann. Um aber keinen Fehler zu begehen, will ich annehmen, daß gegen meine Erfahrung, ein jeder Baum im Durchschnitt nur 2 Pfund Rohzukker liefern soll, und nun hiernach eine ohngefähre Berechnung anlegen.

§. 183. Der Längengehalt einer geographischen Meile beträgt 24000 Rheinländische Fuß. Folglich beträgt der Flächeninhalt einer Quadrat-Meile 24000×24000 = 576,000,000 Quadratfuß. Rechne ich nun den Magdeburger Morgen Land zu 180 Quart-Ruthen = 18,000 Decimal-Quadrat-Fuß, so beträgt der Flächeninhalt von einer Quadrat-Meile 32,000 Morgen. Nun will ich annehmen, daß jeder Baum eine Quadrat-Ruthe Raum zu seinem Standorte erfordert, mehr braucht gewiß nicht gerechnet zu werden, so kommen auf jedem Morgen Fläche 180 Ahornbäume zu stehen. Wird nun angenommen, daß ein Baum nur 2 Pfund Zucker liefern soll, so wirft der Morgen 360 Pfund, und die Quadrat-Meile = 32,000 Morgen, 11,520,000 Pfund Rohzucker ab.

§. 184. Da man aber annehmen darf, daß in jedem Jahre neuer Zuwachs angezogen werden muß, um theils die abgegangenen Plantagen wieder zu ersetzen, theils aber auch denjenigen Theil der Bäume zu restituiren, der in der Jugend abstirbt, (denn von ausgewachsenen Ahornbäumen, ist wenigstens noch kein Beispiel bekannt, daß solche durch den Frost litten, oder gleich den Fichten, durch starke Windschläge umgerissen, oder durch Raupen getödtet würden,) so will ich den nöthigen Flächeninhalt zur Ahorn Kultur für einen jährlichen Gewinnst von 11,520,000 Pfund Rohzucker, auf 2 Quadrat-Meilen in Anschlag bringen. Da aber der Baum mit gutem, meist sandigten Lehm-Waldboden verlieb nimmt, und nach der Gewinnung des Zuckers, das Holz noch einen, in forstwirthschaftlicher Hinsicht beträchtlichen, Nebenabfall liefert, das Ahornholz auch in seiner Güte als Nutzholz und als

Feuermaterial, dem Büchenholz gleich kommt, und in Hinsicht der Pottaschen-Fabrikation, noch um 10 Procent ergiebiger ist; so kann die Forstökonomie, aus der Anlegung der Ahornwälder, wohl einen zu großen Vortheil ziehen, als daß es noch gerecht wäre, auf den Standort dieser Bäume, einen besondern Canon in Anschlag zu bringen. Aber auch in dieser Hinsicht fällt noch ein anderer Tribut ab: denn:

1) ist das Ahornlaub ein gutes und genießbares Futter für die Schaafe; 2) kommen unter den Ahornbäumen Klee, Gras, Kartoffeln und andere Feldfrüchte, wenigstens nach den in Nordamerika gemachten Erfahrungen, gut fort, und da die Zapfungszeit in den Wintermonathen vorfällt, so hat man auch nicht zu fürchten, daß der Anbau iener Artikel, durch diese Arbeit gestöhrt werden könnte; woraus sich denn aber von selbst ergiebt, daß der Flächeninhalt, der zum Anbau der Ahornwälder erfordert wird, sowohl bis zu der Zeit, daß die Bäume zapfbar geworden sind, als auch nachher, bei weitem nicht als ganz unbenutzt angesehen werden kann.

2) Um nun hiernach den selbstkostenden Preis des Ahornzuckers zu berechnen, will ich annehmen, daß 1000 Bäume durch zwei Arbeiter im Zapfen, und einem Arbeiter im Versieden des Saftes zum Rohzucker, beschickt werden können. Ferner, daß ein Arbeiter täglich 8 Gr. Lohn bekommen soll; daß das Zapfen der Bäume, und das Versieden des Saftes, vom

15. Februar bis zum 31. März, also volle 44 Tage dauern soll; und endlich, daß für Abnutzung der Gefäße, für jede Anzahl von 1000 bearbeiteten Bäumen ein Werth von 10 Thl. in Anschlag gebracht werden muß. Ferner soll ein jeder Baum in dem angenommenen Zeitraum von 44 Tagen, 32 Quart Saft geben, so würden von 1000 Bäumen 32,000 Quart Saft = 969 Cubikfuß circa gewonnen. Zur Versiedung des Saftes will ich ferner für jeden Cubikfuß 2 Gr. an Feuermaterial rechnen, so beträgt solches auf 969 Cubikfuß 81 Thl. Hiernach läßt sich nun für die Bearbeitung von 1000 Stück Ahornbäumen, folgende Berechnung anlegen:

1)	für 3 Arbeiter zum Zapfen und Versieden des Saftes, à 8 Gr. täglich auf 44 Tage . . .	44 Rthlr.
2)	für die Abnutzung der Gefäße .	10 —
3)	für Feuermaterial	81 —
	Summa	135 Rthlr.

Da nun hieraus 2000 Pfund Rohzucker gewonnen werden, so beträgt der selbstkostende Preis vom Pfunde circa 1 Gr. $7\frac{1}{2}$ Pf.; wohin es mit dem Rübenzucker niemals gebracht werden kann.

Dritter Abschnitt.

Verfertigung des Syrups und Zuckers aus den Stengeln des Mais oder türkschen Weizens.

Erste Abtheilung.

Methode des Hrn. Hofprediger Schregel in Schwedt.

§. 185. Der Herr Hofpred. Schregel zu Schwedt, hat das Verdienst einer der Ersten gewesen zu sein, welcher die Methode ausgemittelt hat, wie aus den Stengeln des Mais, ein für die Haushaltungen brauchbarer Syrup dargestellt werden kann; und sie verdient von Jedem in Ausübung gesetzt zu werden, der bei den gegenwärtigen so theuren Zuckerpreisen, sich seinen Bedarf an brauchbarem Syrup, der zur Versüßung einer großen Anzahl gewöhnlicher Nahrungsmittel gebraucht werden kann, selbst zubereiten will. Wer nur mit einem Garten versehen ist, dem kann es nicht schwer fallen, jährlich eine Portion Mais unter andern Pflanzen anzubauen, um Syrup daraus zu ziehen, und zwar auf einem sehr einfachen Wege.

§. 186. Soll diese Fabrikation veranstaltet werden, so wählt man die Stengel der Pflanze, nachdem die männlichen Blüthen abgeblühet, und die Blätter derselben etwa gelb geworden sind. Sie werden in diesem Zustande klein gehackt, in Versetzung mit etwas Wasser zerstampft, und dann der Saft ausgepreßt. Der ausgepreßte Saft wird nun in einem Kessel gelinde zum Sieden erhitzt, wobei sich eine Portion Schaum auf die Oberfläche wirft, der abgenommen wird, worauf man den geklärten Saft durch ein Stück Flanell gießt, und ihn dann wieder zur Dicke eines brauchbaren Syrups langsam einsiedet.

§. 187. Jenes ist das gewöhnliche Verfahren; wer noch regelmäßiger operiren will, kann dem Safte, nachdem der Schaum abgenommen worden ist, nach und nach, unter stetem Umrühren, so viel gepulverte Kreide zusetzen, bis kein Aufbrausen mehr erfolgt, und ein Streifchen hineingehängtes blaues Lackmuspapier nicht mehr geröthet wird, wodurch man ihm alle anklebende Säure entziehet.

§. 188. Versetzt man nun diesen so entsäuerten Saft mit etwas Eiweiß, etwa ein Ei für sechs Quart, oder an dessen Stelle mit einem halben Quart abgerahmter Milch, jedoch nachdem der Saft vorher kalt geworden ist, rührt man alles recht wohl unter einander, und erhitzt dann das Ganze abermals zum Sieden, so wirft sich eine weit größere Masse Schaum heraus, der Saft klärt sich mehr, und man gewinnt nun einen viel reinern Syrup. Das ganze Verfahren ist so einfach, daß es von jeder Hausfrau veranstaltet werden kann, und verdient daher um so mehr in Ausübung gesetzt zu werden.

§. 189. Der auf diese Weise aus dem Mais gewonnene Syrup, kann freilich für einen delikaten Gaumen nicht die Stelle des Zukkers in Thee und Kaffee vertreten; dagegen dient derselbe vollkommen als ein Stellvertreter des gewöhnlichen braunen Zuckersyrups, so wie zum Versüßen der mehrsten Speisen, zum Einmachen des Obstes, zu Kalteschalen u. s. w., wodurch schon viel an Zucker erspart wird.

Zweite Abtheilung.

Methode des Herrn Professor Burger in Klagenfurth.

§. 190. Herr Professor Dr. Burger zu Klagenfurt (s. dessen Untersuchungen über die Möglichkeit und den Nutzen der Zuckererzeugung aus inländischen Gewächsen, Wien bei Geistinger 1811) hat folgendes Verfahren über diesen Gegenstand mitgetheilt.

§. 191. Der im Mark der Maisstengel enthaltene Saft (sagt Herr Professor Burger,) ist zwar in jeder Periode des Wachsthums dieser Pflanze süß, doch ist er, ehe sie zu blühen anfängt, mit einem mehr oder weniger grasartigen Geschmack gemengt.

§. 192. Nur zur Zeit der Blüthe, wenn die Pflanze ihre größte Höhe erreicht hat, ist der Saft darin ebenfalls in der größten Quantität und in einem rein süßen, von jedem Beigeschmack entfernten Zustande enthalten.

§. 193. Mit der Bildung der Saamenkörner, verschwindet die größte Quantität des freien Zuckerstoffes wieder, und wenn die Aehren reif geworden sind, so hat der vormals äußerst saftige Stengel nicht allein die Hälfte seines Saftes verlohren, sondern er ist jetzt auch nicht mehr so rein süß, und hat vielfältig einen fremdartigen, salpetrigen, küchensalzigen, oder auch sauern Geschmack angenommen. *)

*) Zum Beweise, daß der Saft der Maispflanze gegen das Ende des Vegetationsprozesses gehaltloser werde, bediente Herr Professor Burger sich des specifischen Gewichts. Die halbe Wiener Maaß (= 1 Pfund 8 Loth 81 Gran destillirtes Wasser) faßte am 8. August 1 Pfund 13 Loth frisch gepreßten Maissaft. Am 18. August nur 1 Pfund 11 Loth. Am 5. September nur 1 Pfund 10½ Loth. Am 15. September nur 1 Pfund 9 Loth 150 Gran.

§. 194. Je freier das Feld den Wirkungen der Sonnenstrahlen ausgesetzt ist, um so reichhaltiger ist der Saft der Maisstengel.

§. 195. Trockner sandiger steiniger Boden, der seit ein Paar Jahren nicht gedüngt worden ist, liefert zwar nur dünne Stengel mit bleichen gelblichen Blättern: allein der Saft derselben hat den größten und reinsten Zuckergehalt.

§. 196. Im frisch gedüngten Boden, wenn er nicht zu schwer, dabei aber der Sonne ausgesetzt ist, bekommen die Stengel zwarviel mehr Saft, der ziemlich süß ist, indessen wird er nie jenen reinen höchst angenehmen Zuckergeschmack besitzen, den er im vorhergehenden Falle besitzt; auch wird eine größere Quantität Saft erfordert, um ein bestimmtes Gewicht von Syrup zu erlangen: ein Beweis, daß der Saft mehr wässerig ist.

§. 197. Pflanzen, die der Sonne nicht vollkommen den Tag über ausgesetzt sind, können zwar wohl reife Körner hervorbringen, aber der Saft taugt nicht zur Zuckererzeugung, weil er zu wenig kristallisirbaren, dagegen aber zu vielen Schleimzucker enthält.

§. 198. Wenn die größte Quantität des Zuckers in der Maispflanze, in einem reinen, so wenig als möglich mit Schleimzucker vermengten, Zustande erzeugt werden soll, so muß sie im trockensten und sonnigsten Felde kultivirt werden.

§. 199. Das Feld muß überdies recht frisch gedüngt seyn, zwei bis drei Erndten schon abgetragen, und einen leichten Boden haben, der von der Sonne mehr durchwärmt, und wodurch die Zuckererzeugung in der Pflanze mehr befördert wird. Schwerer thonigter Boden, hält die Feuchtigkeit zu lange an, und erwärmt sich nie so leicht, wie Sand- oder Kalkboden.

§. 200. Weil aber in einem leichten und magern Boden, die Maispflanzen nie jene

Grösse und Mächtigkeit erlangen, wie in einem gedüngten und mehr wasserhaltenden, so dürfen sie auch nahe an einander stehen: denn man würde den Acker zu schlecht benutzen, wenn man die zum Behuf der Zuckererzeugung kultivirten Maispflanzen eben so weit aus einander setzen wollte, als es nöthig ist, wenn man im gedüngten Boden Körner erzeugen will.

§. 201. Wenn die Reihen, in welchen die Maispflanzen stehen, im letztern Fall 2 Fuß weit von einander entfernt seyn müssen, so können sie für den ersten Fall um den vierten Theil genähert werden, und wenn ja eine Pflanze von der andern einen Fuß weit in der Saatlinie entfernt seyn muß, damit jede zu ihrer vollkommenen Entwickelung Platz genug habe, so können wir sie zu unserm Zweck fünf bis sechsmal so dicht säen, so daß alle zwei bis drei Zoll in der Linie eine Pflanze zu stehen kommt.

§. 202. Um zu erfahren, wie groß das Produkt eines auf 18 Zoll Distanz und dicht in der Linie besäeten Ackers an Maispflanzen sey, wurde in einem Felde, welches vor fünf Jahren zu Kartoffeln stark gedüngt worden war, und seit der Zeit Gerste, Klee, Weizen und Roggen abgetragen hatte, ein Raum von zwei Quadratklaftern abgesteckt, und die darauf stehenden, gerade in der Blüthe befindlichen Maispflanzen hart am Boden abgeschnitten und sogleich gewogen. Sie betrugen 56

Pfund. Ein Joch von 1600 Quadratklaftern giebt also 44800 Pfund.

§. 203. Damit sind aber die Blätter und Blüthen verbunden, die zwar als Viehfutter von vorzüglichem Werth sind, da sie aber keinen Zuckerartigen Saft geben, abgesondert und zu diesem Behuf nicht anwendbar, abgeschlagen werden müssen.

§. 204. Sie betragen zwischen 40 und 45 vom Hundert; wir wollen aber die Hälfte des Gewichts abschlagen, weil die jetzt abgeschnittenen und gewögenen Stengel, bis zur Zeit da sie ausgepreßt werden, wieder viele Feuchtigkeit durch die Ausdünstung verlieren.

§. 205. Es bleiben demnach nur 22400 Pfund Stengel für das Joch, welche durch das Auspressen, 45 Procent ihres Gewichts Saft liefern; folglich liefert das Joch 10080 Pfund Maisstengel-Saft.

§. 206. Werden die Maisstengel aber zu einer Zeit ausgepreßt, wo die reifen Aehren bereits abgenommen worden sind, so ist das Produkt eines solchen Ackers an Saft, nicht nur in der Quantität, sondern, wie Anfangs erwähnet worden, auch in der Qualität, von Ersterm sehr verschieden sind.

§. 207. Die Pflanzen stehen auf einem zum Körner-Ertrag bestimmten Felde, in zwei Fuß weiten Reihen, und müssen, eine von der andern, einen Fuß entfernt seyn.

§. 208. Ist ein Joch großer Acker auf

die Weise bestellt, so enthält er 28800 Pflanzen, und wenn, wie ein sehr aufmerksamer Beobachter durch vieljährige Erfahrungen überzeugt ist, 1000 Stengel 48 Wiener Maaß (zu 2 Pfund 19 Loth) Saft liefern, so bringt das Joch 381 Maaß = 3582 Pfund Saft.

§. 209. Ueber den Unterschied des Syrups, der aus diesem Safte erhalten wird, von Jenem, wo der Stengel im saftigen Zustande ausgepreßt wird, wird in der Folge noch das Mehrere angeführt werden.

§. 210. Die leichteste und zweckmäßigste Art, den Saft aus den Stengeln zu erhalten, bestehet darin, sie zwischen zwei steinernen oder hölzernen Walzen auszupressen. Die Walzen müssen stark und lang genug, auch so eingezapft seyn, daß die obere Walze einen kleinen stark gedrückten Spielraum gerade aufwärts habe: denn da die Stengel nicht einerlei Dicke besitzen, so muß es der Walze möglich seyn, die dünnen und dicken gleich gut auszupressen. Sie muß also, wenn ein dicker Stengel kommt, etwas weiter von einander weichen können.

§. 211. Wollte man die Stengel zerschneiden und auskochen, so würde man dadurch zu viel Schleim mit dem Zucker mengen, den man im ausgepreßten Safte zwar auch, aber doch nie in so großer Quantität erhält.

§. 212. Der gepreßte Saft muß sogleich versotten werden, denn seines großen Zuckergehaltes wegen ist er, vorzüglich in heißen

Jahreszeiten, sehr geneigt in Gährung überzugehen.

§. 213. Man bringt ihn daher, nachdem er zuvor durch ein doppeltes Tuch geseihet worden, in einem kupfernen Kessel über Flammenfeuer zum Sieden, wobei die eiweißartige Materie im Saft zum Gerinnen gebracht wird, und als Schaum abgesondert werden kann.

§. 214. Mit dem Safte der Maisstengel ist stets freie Aepfelsäure gemengt. Wollte man denselben geradezu einsieden, ohne diese Säure abzuscheiden, so erhielte man zwar allezeit einen süßen Syrup, der aber der beigemengten schleimigen Theile wegen etwas rauh im Geschmack seyn würde.

§. 215. Um ihn also von fremdartigen Substanzen zu befreien, und den Zucker, in so weit es möglich ist, frei und rein darzustellen, ist es nöthig, dem Safte einen Körper beizusetzen, zu welchem die in ihm befindliche Aepfelsäure eine größere Verwandschaft als zum Zucker und Schleim hat; mit dem sie sich zu einem im Wasser auflöslichen Körper verbinden, und so aus dem Safte einen Körper ausgeschieden werden kann.

§. 216. Ein solcher Körper ist der Kalk, der mit der Aepfelsäure den äpfelsauren Kalk, eine im kalten Wasser schwer auflösliche Substanz bildet, die in der erkalteten Flüssigkeit zu Boden fällt, und auf diese Art leicht abgeschieden werden kann.

§. 217. Der Kalk wird zu diesem Behuf entweder in seinem reinen d. h. ätzenden (oder gebranntem) Zustande, oder in Verbindung mit Kohlensäure (als Kreide) angewendet.

§. 218. Da die Aepfelsäure eine größere Anziehung zum Kalk hat, als die vorher mit ihm verbunden gewesene Kohlenstoffsäure, so wird die Letztere bei der Vermengung der Kreide mit der Aepfelsäure, als kohlensaures Gas mit Aufbrausen ausgeschieden.

§. 219. Man sollte vermuthen, daß es einerlei sey, ob man gebrannten Kalk oder Kreide zur Bindung der Aepfelsäure anwendet; indessen lehrt die Erfahrung, daß der Maissyrup, welcher erhalten wird, wenn zeriebener Kalk dem Safte zugesetzt wird, sehr wesentlich von jenem unterschieden ist, den man mit Kreide behandelte, und daß es selbst nicht einerlei sey, ob man frisch gebrannten oder an der Luft zerfallenen Kalk, zu diesem Entzweck anwendet.

§. 220. Jener Syrup, der, ohne daß man dem Safte Kalk zugesetzt hat, durch bloßes Einsieden desselben erhalten wird, ist etwas säuerlich und rauh im Geschmack; er wird nie vollkommen durchsichtig und gerinnt nach sieben bis acht Monaten zu einer, dem alten Honig ähnlichen dicken körnigen Masse, die selbst im Geschmack viel Aehnlichkeit mit dem Honig hat.

§. 221. Der mit Kreide behandelte Saft

wird dagegen vollkommen klar, hat einen angenehmen süßen Geschmack, dem man noch immer etwas von jenem dem Mais eigenthümlichen anmerkt; auch gerinnt er, gleich dem erstern, in der nämlichen Zeit, zu einer gelben, dem alten Honig ähnlichen, nur aber viel trockneren Masse, in der man die häufigen kleinen Kristallen mit Schleimzucker umgeben sieht, und mit der Zunge beim Kosten fühlt.

§. 222. Wird an der Luft zerfallener, ein Jahr alter, größtentheils schon mürbe und auflöslich gewordener, Kalk zur Absonderung der Aepfelsäure gebraucht, so erhält man einen Syrup, der dem äußern Ansehen nach, jenem mit Kreide behandelten vollkommen ähnlich, allein im Geschmack viel reiner als derselbe ist; auch zeigt sich in diesem eine regelmäßige Kristallisation, die mit drei Monaten anfängt, und um so mehr zunimmt, als der Syrup älter wird.

§. 223. Der Geschmack dieser Kristalle, wenn sie von dem sie umhüllenden Schleimzucker, in welchem das eigenthümliche des Maissyrups, und das vom westindischen Zukker abweichende liegt, befreiet sind, ist sehr süß, und hat mit dem gelben schmierigen Zukker des Zuckerrohrs (den man Moskowade oder Kassonade nennt) viel Aehnlichkeit.

§. 224. Wird endlich frisch bereiteter ätzender Kalk zur Neutralisirung des Saftes angewendet, so bemerkt man dabei, daß der Saft dadurch sowohl in der Farbe als im Geschmack verändert wird. So wie man nämlich dem Safte den gebrannten Kalk zusetzt, so wird er dadurch sogleich dunkel pommeranzengelb, und verdunkelt sich immer mehr, je mehr er sich verdichtet, wobei alle Durchsichtigkeit verlohren gehet.

§. 225. Das Klären mit Eiweiß bewirkt keine Aufhellung; auch ist der Saft während dem Einkochen, zur Zeit wenn er sich zu verdicken anfängt, sehr geneigt aufzuwallen und überzulaufen, und endlich hat der erhaltene Syrup einen brenzlichen Geschmack. Er kristallisirt zwar auch, so wie der mit zerfallenem Kalk behandelte, aber später und in einem mindern Grade.

§. 226. Aus diesen Erfahrungen erhellet, daß der an Luft zerfallene, größtentheils kohlensauer gewordene Kalk, das schicklichste Mittel sey, die freie im Safte der Maisstengel befindliche Aepfelsäure abzuscheiden; weil der Syrup, der auf diese Art erhalten wird, dem reinen Rohzucker am meisten ähnlich ist, und den geringsten fremdartigen Beigeschmack hat.

§. 227. So wie der Saft im Kessel eine kleine Weile gesotten und den größten Theil seiner gerinnbaren Theile als Schaum abgesondert hat, wird der Kalk in einem fein gepulverten Zustande nach und nach ausgesetzt, bis die Säure völlig neutralisirt worden ist.

§. 228. Man erkennt dieses daraus, wenn ein in den siedenden Saft getauchtes mit Lackmus blau gefärbtes Papier nicht mehr roth gefärbt wird, oder was sichrer ist, wenn eine kleine Portion dieses Saftes die verdünnte Lackmustinktur nicht mehr röthlich färbt.

§. 229. Wird ätzender Kalk dazu verwendet, so wird man auf ein Pfund Saft 14 — 15 Gran bedürfen. Nimmt man aber Kreide, so wird eine ungleich größere Quantität erfordert, auch ist in diesem Fall die Probe mit Lackmuspapier nicht wohl anwendbar: denn da die mit dem Kalk in der Kreide verbundene Kohlenstoffsäure nur nach und nach ausgeschieden wird, so ist sie eine Weile noch mit dem Wasser des Saftes verbunden, und röthet selbst die Tinktur, wenn auch die Aepfelsäure sich schon mit dem Kalk verbunden hat.

§. 230. Nur wenn das röthlich gefärbte Lackmuspapier über Feuer gehalten, während dem Trocknen die blaue Farbe wieder annimmt, die Farbe verändernde Kohlenstoffsäure nämlich durch die Hitze verflüchtiget wird, kann man überzeugt seyn, genug Kreide zugesetzt zu haben.

§. 231. Es ist schwer zu bestimmen, wie viel Kreide erforderlich seyn wird, die Säure in einem Pfunde Maisstengel zu absorbiren, weil das Verhältniß des Kalkes in der Kreide nicht immer dasselbe ist. Ich habe ein halbes, einmal aber auch anderthalb Loth auf ein Pfund genommen: denn es schadet nicht, wenn auch eine größere Quantität Kreide angewendet wird, als gerade erforderlich ist, die Säure aufzunehmen, weil der kohlenstoffsaure Kalk im Wasser auflöslich ist; nur muß man sich hüten, zu viel an der Luft zerfallenen Kalk, der noch nicht vollkommen milde geworden ist, und in keinem Falle zu viel ätzenden zu nehmen. In seinem ätzenden Zustande greift der Kalk den Zuckerstoff an; er gehet eine Mischung mit dem Zukker ein, wodurch der Syrup eine dunkle verbrannte Farbe und einen bittern brenzlichen Geschmack erhält.

§. 232. Der Kalk hat aber auch nebstdem, daß er die Säure aufnimmt, eine andere die Reinigung des Zuckers befördernde Wirkung; er hat nämlich die Eigenschaft, die Gerinnung des eiweißartigen, und mittelst derselben, vieler schleimigen Theile während des Siedens zu befördern. Die Abscheidung des Schaums geschiehet daher, sobald der Kalk dem Safte zugesetzt wird, viel häufiger; und dieser klärt sich auch unmittelbar darauf, vollständig, und wird aus einer grünlichen trüben, in eine helle weingelbe Flüssigkeit umgewandelt.

§. 233. So wie sich der Saft geklärt und der größte Theil des Schaums abgesondert hat, wird der Kessel vom Feuer genommen, damit der Saft erkalte, und die kalkigen am Boden liegenden Theile von der überstehenden klaren Flüssigkeit geschieden werden können.

§. 234. Wenn dieses geschehen ist, wird die Flüssigkeit wieder zum Sieden gebracht, und bei mäßigem Feuer etwa zur Hälfte ihrer Quantität versotten.

§. 235. Vormals setzte Hr. Burger dem Safte, wenn er ihn, nach Absonderung des Kalks wieder zum Sieden brachte, jederzeit Eiweiß zu; das Weiße von einem Ei, auf 3 bis 4 Pfund Saft. Allein er glaubt sich überzeugt zu haben, daß dieses völlig unnütz sey, und daß der Zusatz von Eiweiß nichts zur Klärung des durch Kalk gereinigten Saftes beizutragen vermöge: denn das mit dem klaren kühlen Saft gemischte und durch das Sieden gereinigte Eiweiß war jederzeit völlig weiß, und die Farbe des Saftes nicht im mindesten verändert.

§. 236. Warum er den Saft jetzt nur zur Hälfte abzurauchen, und dann wieder erkalten zu lassen räth, geschiehet darum, weil mehrere schleimige, so wie auch einige kalkige Theile, die in der größern Masse der Flüssigkeit gelöst wurden, damit gemengt waren, jetzt in dem mehr verdichteten Zustande derselben nicht mehr aufgelöst bleiben, oder darin herum schwimmen können, sondern sich abscheiden, und dann nach 12 bis 18 Stunden leicht von der vollkommen klaren Flüssigkeit geschieden werden können.

§. 237. Dadurch, daß man den Saft zweimal erkalten und die fremdartigen Theile sich setzen läßt, erhält man einen viel reinern und im Geschmack feinern Syrup, als wenn man den Saft nach Absonderung des Kalks sogleich zur Konsistenz eines Syrups versiedet.

§. 238. Der jetzt zum zweitenmal vom Bodensatz, wenn sich einer gebildet haben sollte, abgegossene, durch ein doppeltes Tuch geseihete Saft, wird nun über ein mäßiges Kohlenfeuer auf einen Windofen gesetzt, und dann unter Umrühren und Absonderung des sich noch immer bildenden Schaums vorsichtig so lange gesotten, bis er die nöthige Dicke, die ihn vor dem Verderben schützt, erreicht hat.

§. 239. Aus mehreren Versuchen hat sich ergeben, daß wenn der Saft auf das Zwölftheil abgeraucht wird, man dadurch einen Syrup bekömmt, der so dick ist, daß er in einer schicklichen Temperatur, sich sehr bald zu kristallisiren beginnt.

§. 240. Herr Deyeux erhielt von 1071 Pfund Maisstengeln, die vor der Bildung des Korns abgeschnitten und dann ausgepreßt wurden, durch das Eindicken des Saftes, nur $28\frac{1}{2}$ Pfund eines sehr dicken Syrups; statt daß er, $40\frac{1}{2}$ Pfund hätte erhalten sollen. Er muß also entweder sehr schlecht gepreßt, oder den Stengel in einer zu frühen Periode des Wachsthums abgenommen haben.

§. 241. Herr Parmentier erhielt von 20 Pfund Saft ein halb Pfund Syrup, also nur den vierzigsten Theil; statt daß er $1\frac{3}{4}$ Pfund hätte erhalten sollen. Die Ursache, warum er so wenig Syrup bekam, liegt darin, daß er die Maisstengel zur Zeit, da sie nur eben erst die Rispen austrieben, also in einem viel zu frühen Zeitraume preßte.

§. 242. Bei einem zweiten Versuch, wo er die Maisstengel später auspreßte, erhielt er von 18 Pfund Saft, 1 Pfund 4 Loth Syrup, also den vierzehnten Theil; statt daß er 1 Pfund

16 Loth hätte erhalten sollen: ein Beweis, daß die Bildung der Aehren entweder schon zu sehr vorgerückt; oder der Boden worauf die Pflanzen standen, zu sehr gedüngt oder schattig gewesen seyn mußte.

§. 243. Herr Mirabelli erhielt von 230 Loth Stengel 11 Loth Syrup; der, wie er selbst sagt, sehr dünne war, weil er sonst nur 8 Loth 141 Gran würde erhalten haben, wenn er ihn gehörig eingedickt hätte.

§. 244. Liefert das Joch Acker, welches auf 18 Zoll Entfernung und in der Linie dicht mit Mais besäet worden war, wie bereits bemerkt worden, 10080 Pfund Saft von den Stengeln, so erhält man von demselben, wenn man ihn zum zwölften Theil einsiedet, 840 Pfund Syrup; im zweiten Fall aber, wenn nämlich die Pflanzen des Korns wegen kultivirt werden, aus 3582 Pfund Saft, nur 298 Pfund Syrup.

§. 245. Es scheint beim ersten Anblick daß es vortheilhafter seyn müßte, doppelten Nutzen vom Maisacker zu ziehen; nämlich erst die reife Frucht zu erndten, und dann die Stengel auszupressen, um aus dem Safte derselben noch eine ansehnliche Quantität Syrup zu gewinnen, als, mit Ausschluß der Frucht, die Stengel bloß allein zur Syrups-Erzeugung zu benutzen; allein bei einer genauern Untersuchung zeigte sich das Gegentheil.

§. 246. Kultivirt man nämlich die Pflanzen in engern Reihen und dichter in der Linie, so gewinnt man eine viel größere Quantität, deren Stengel, im saftigsten Zustande gepreßt, ein dreimal größeres Gewicht an Saft und Syrup liefern, als die in weitern Räumen stehenden, und am Ende des Vegetationsprozesses sich befindlichen ausgetrockneten Stengel.

§. 247. Der Syrup, der aus dem blühenden Maisstengel erhalten wird, ist zuckerhaltiger, süßer und reiner im Geschmack, als jener, der von den reifen Stengeln abfällt. Der erstere kristallisirt sehr bald, der zweite nur sehr schwer oder auch niemals; und endlich kann der Acker, wenn die Maispflanzen zur Zeit ihres Blühens, vor der Hälfte des Julius bis in das erste Drittheil des Augusts, abgeschnitten werden, leicht noch einmal eine Futterpflanze hervorbringen.

§. 248. Um dieses anschaulicher zu machen, wollen wir den Blätterertrag von beiden Vorschriften detailliren.

1) Wenn nach abgezogenen reifen Aehren vom Mais, aus den Stengeln Syrup gewonnen wird, so beträgt der Ertrag vom Joch:

67 Metzen (Wiener, wovon die Metze circa $1\frac{1}{8}$ Berliner Scheffel gleich ist) à 2 Gulden. Conv. Geld	134	Fl.	—	Kr.
11 Metzen Fisolen à 3 Fl. .	33	-	—	-
71 Cent. Stroh à 20 Kreuzer (Das Joch trägt zwar 74 Centner Stroh, davon gehen aber 3 Centner für den Syrup ab.)	23	-	40	-

Transport Conv. Geld	190 Fl.	40 Kr.
298 Pf. Syrup à 30 Kr.	149 ·	3 Kr.
Conv. Geld	339 Fl.	43 Kr.

2) Ertrag von Joch Acker, wenn die erste Maissaat im Blühen zu Syrup verwendet und der zweite grün verfüttert wird.

840 Pf. Syrup à 35 Krz.	630 Fl.	— Kr.
193 Centner Stroh (weil von 112 Centner, welche das Joch sonst geben würde, für den Syrup 840 Pfund abgeschlagen werden müssen) à 20 Kreutzer.	34 ·	20 ·
Die zweite Saat des Mais giebt ebenfalls 448 Centner Grünfutter à 5 Kreutzer. . .	37 ·	20 ·
Conv. Geld	701 Fl.	40 Kr.*)

*) Hier ist nach dem ersten Kalkul das Pfund Syrup zu 30 Kr. (= 10 Groschen) und im zweiten das Pfund zu 45 Kr. (= 15 Groschen) im Werthe angeschlagen, welches wohl etwas zu hoch angegeben ist. Wenn man aber auch den Werth desselben nur auf 4 Groschen fürs Pfund setzt, so ist doch noch immer Vortheil genug dabei.

§. 249. Es giebt also das erste Verfahren einen größern Nettoertrag für das Joch, von 362 Gulden.

§. 250. Wie groß der Nettoertrag einer auf diese Art benutzten Ackerfläche seyn würde, kann bis jetzt noch nicht mit Gewißheit angegeben werden, da die Versuche noch zu sehr im Kleinen angestellt wurden, wo die Arbeit des

Auspressens und Versiedens, so wie die Kosten der Frucht grösser ausfallen, als wenn dieselben im Grossen fabrikmässig betrieben werden.

§. 251. Der mit Kreide oder zerfallenem Kalk bereitete Maissyrup, ist zur Versüssung aller Arten Speisen und Getränke völlig anwendbar. Man kann ihn ohne Sorge des Gerinnens, der Milch zusetzen, und die feinsten Gaumen würden bei solchen Speisen keinen Unterschied vom Rohrzucker zu machen im Stande seyn. Nur färbt er, gleich allen braunen Syrupen, die damit bereiteten Speisen und Getränke etwas dunkler; auch ist er nicht so ausgiebig süss, wie der gewöhnliche Zucker: daß heißt, ein Loth Syrup macht eine gegebne Quantität Thee oder Milch nicht so süß, als ein Loth kristallisirter Rohrzucker.

§. 252. Wenn der im Sommer bereitete Maissyrup den Herbst und Winter über in einem warmen dem Kristallisiren zuträglichen Orte, in flachen zugedeckten Gefäßen, ruhig stehen bleibt, so bemerkt man in dem der mit zerfallenem Kalk behandelt worden war, nach Verlauf von 2 Monaten erst Spuren von Kristallisation, die nun nachher zunimmt, bis im April die Hälfte des Syrups in einen festen Kristallklumpen sich verwandelt hat.

§. 253. Läßt man um diese Zeit den flüssigen Syrup von der Kristallisation ablaufen, drückt die schmierige kristallinische Masse in einen gläsernen Trichter, und bedeckt sie mit einem Thonbrei: so wird der zwischen den Kristallen befindliche Syrup flüssiger, tröpfelt ab, und der im Trichter zurück gebliebene Kristallklumpen erscheint viel leichter, trockner und rein-süßer von Geschmack. Vielleicht wird man auch durch eine öftere Bedeckung, einen völlig weißen Zucker erhalten können.

§. 254. Die Abfälle, welche sich bei der Bereitung des Syrups ergeben, z. B. der schleimige unreine Bodensatz beim ersten und zweiten Versieden oder Scheiden rc., dürfen nicht weggeworfen werden, sondern können sehr füglich entweder auf Branntwein oder auf Essig benutzt werden.

§ 255. Herr Prof. Burger erhielt aus einem Pfund Maissaft, der zufällig in Gährung überging, ohne Zusatz eines Ferments, bloß bei einer der Fermentation zuträglichen Temperatur, einen sehr scharfen und angenehmen Essig, der nach Verlauf eines Jahres keine Spur von Verderbniß zeigte.

§. 256. Er ist daher der Meinung, daß wenn man den Maissaft auf Essig benutzen will, es vortheilhafter sey, ihn etwas zu sieden und mit Kalk zu reinigen, weil durch dieses Verfahren der Stoff der das Schimmeln und die frühe Gährung veranlaßet, ausgeschieden werde.

§. 257. Sonst kann aber der Maisstängelsaft, mit noch größern Vortheil, auf Branntwein benutzt werden. 8 Pfund und 20 Loth Saft, wurden bei einer Temperatur von 18° R. am 26. August mit einem Achtel Maaß Bier

Hefe gemengt, der Gährung überlassen. In 15 Stunden war alles in der besten Fermentation, die bis zum ersten September gleichförmig anhielt.

§. 258. Bei der Destillation lieferte das gegohrne Fluidum 29 Loth 82 Gran geläuterten probestehenden Branntwein, der 50 Prozent Alkohol enthielt. Nach diesem Vorschlage werden also 10030 Pfund Saft, welcher vom Joch gewonnen wird, $1104\frac{4}{10}$ Pfund ($=482\frac{8}{100}$ Wiener Maaß) des besten Branntweins gewonnen werden *).

*) Da das Wiener Maaß sich zum Berliner Quart verhält wie $71\frac{3}{8}$: 59, so würde dieses circa 526 Berliner Quart betragen.

§. 259. Wendet man aber zu dem Behuf denjenigen Saft an, der aus Stängeln gepresset ist, die schon reife Aehren getragen haben, so erhält man eine beträchtlich geringere Quantität Branntwein: ein Beweis, daß der Zuckerstoff in diesem Safte jetzt nicht mehr so häufig vorhanden ist, als zu der Zeit, da die Stängel in der Blüthe ausgepreßt wurden.

§. 260. Am 18ten September wurden 25 Pfund $13\frac{1}{2}$ Loth des letztern Saftes mit Bierhefe in Gährung gesetzt. Nach 24 Stunden fing die Gährung an, und dauerte bis zum 22. August. Bei der Destillation des gegohrnen Saftes, erhielt man $28\frac{1}{6}$ Loth geläuterten 41 Prozent haltigen Branntwein. 10080 Pfund dieses Saftes würden also nur $354\frac{18}{100}$ Pfund vom gewöhnlichen Branntwein, und wenn man ihn auf die Stärke von 50 Prozent verstärkt nur $283\frac{3}{10}$ Pfund geliefert haben.

§. 261. Wenn die Stängel eines gut bestellten zum Samenertrag bestimmten Maisackers, nach Abnahme der Aehren, noch ausgepreßt werden, und der oben angegebene Ertrag von 1381 Pfund Saft auf Branntwein benutzt wird, so erhält man nach diesem Maaßstabe $99\frac{7}{10}$ Pfund, 50 Prozent haltigen guten Branntwein = 43 Maaß $1\frac{1}{10}$ Seidel.

Dritte Abtheilung.

Gewinnung des Zuckers aus den trocknen Maisstängeln.

(Nach den Beobachtungen des Hrn. Doktor Neuhold in Grätz.)

§. 262. Die Stängel des Mais werden, nach der Zeitigung der Frucht auf dem Felde, abgenommen, und jeder abgenommene Stängel wird in Ansehung der Süßigkeit, mit den Zähnen und mit der Zunge versucht, was aber gar keine Mühe und keinen Aufenthalt macht, weil jeder, der nur einmal einen süßen und einen geschmacklosen Stängel verkostet hat, sich diessfalls gewiß zu helfen wissen wird.

§. 263. Es ist auffallend, daß oft auf dem nämlichen Boden und unter den nämlichen äußeren Umständen, zwischen süßen Stängeln wieder ein geschmackloser sich befindet. In sandigem Boden sind der süßen Stengel die meisten und nur wenige geschmacklos.

§. 264. Die tauglichen Stängel werden entfasert, d. h. es wird der obere trockne Theil gegen die Rispe zu abgenommen, dann werden sie entblättert und in Bündel zusammengebunden. Die auf solche Art vorbereiteten Stängel werden an den Knoten mit einem Hammer gequetscht, und hierauf in einer einfachen Walzenpresse zwischen zwei Cylindern von starkem Holze gepreßt. Die ausgepreßten Stängel rollen von selbst über eine schiefe Fläche hinab. Bei der Ausführung im Großen, könnte man, wahrscheinlich mit vielem Vortheil, die verbesserte westindische Rohrzukkerpresse anwenden, in welcher vier Walzen über einander liegen, zwischen welchen dasselbe Rohr dreimal nach einander durchgepreßt wird, indem es sich von selbst über die Cylinder hin- und zwischen denselben durchzieht. Nach dem ersten Pressen werden die Stängel noch einmal durch die Walze getrieben; sie entledigen sich bei diesem zweiten Pressen ihres Saftes noch häufiger als beim ersten. Es ist auffallend, welche ansehnliche Menge Saft man von Stängeln, wo doch die Frucht reif geworden ist, noch erhält. Den meisten Saft geben jedoch die Kümmerlinge oder Nebenschossen, deren Kolben nicht reif geworden sind. In Jahren, wo der Mais gut geräth, und die Stängel zu der erforderlichen Höhe und Stärke heranwachsen, geben 1000 solcher Stängel gegen 50 Maaß Saft.

§. 265. Der ausgepreßte Saft, welcher grün aussieht, sehr süß, aber fade und grasartig schmeckt, wird durch ein Sieb geseihet, um ihn von den Pflanzenfasern zu reinigen. Der rohe Saft wird hierauf in einem verzinnten kupfernen Kessel, der mehr weit als tief ist, bei starkem Feuer schnell zum Sieden gebracht; während des Siedens erzeugt sich ein häufiger grüner Schaum, welcher mit der Schaumkelle abgenommen wird. Wenn die Masse nicht mehr schäumt, wird sie noch eine Viertelstunde lang gesotten. Man gießt hierauf den auf diese Art gesottenen Saft in reine hölzerne Bottiche und mischt darunter Kreide, und zwar nach dem Verhältnisse, daß auf 50 Maaß Saft, 3 Pfund Kreide kommen. Nachdem man einige Zeit alles wohl durch einander gerührt hat, läßt man die Flüssikeit beinahe zwölf Stunden lang stehen und zieht den geklärten Saft in ein Geschirr ab. Um dieses Abziehen auf das leichteste und ohne Trübung der Masse bewerkstelligen zu können, richtet man die Bottiche folgendermaaßen zu: Man läßt in der Mitte ihres Bodens ein Loch von ohngefähr zwei Linien im Durchmesser bohren, in dieses wird ein kleiner eiserner hohler Cylinder von ohngefähr 3 Linien Höhe, dessen Höhlung genau mit dem Loche des Bodens übereinstimmt, angelegt. In das Loch des Bodens wird ein hölzerner Zapfen, in Form eines Stabes, eingesteckt; hierauf die Kreide und die Flüssigkeit der Bottiche gegeben und wohl umgerührt. Man braucht dann, wenn die Masse sich geklärt, und die Kreide sich ganz an den

Bo-

Boden gesetzt und um den eisernen Cylinder angelegt hat, blos den hölzernen Zapfen vorsichtig herauszuziehen, so läuft die klare Flüssigkeit durch das Bodenloch in ein darunter stehendes Gefäß ab. Der abgelaufene klare Saft, wird hierauf in einem andern Kessel bei starkem Feuer bis auf die Hälfte eingedichtet, und dann wieder in reine hölzerne Bottiche übergegossen, in welchen man ihn abermals 12 Stunden ruhig stehen läßt. Nach diesem Zeitverlaufe setzt der Saft am Boden des Geschirres einen schleimigen zuckerlosen Saft ab. Der klare Saft wird hierauf abgezogen und wieder bis auf die Hälfte eingesotten, nur muß man bei diesem Sieden schon mehr Acht geben, daß die Masse nicht anbrenne. Man läßt hierauf die Flüssigkeit wieder abkühlen, und filtrirt sie sodann durch Flugsand. Der auf diese Art eingesottene und verdichtete Saft ist nun vollkommen haltbar.

§. 266. Diesen halbfertigen Saft läßt man in hölzernen Zubern durch den ganzen Winter an einem trocknen Orte unzugedeckt und ohne weitere Vorsicht stehen. Im Frühjahr zeigt sich dann am Boden der Geschirre ein rother klebriger aber süßschmeckender Bodensatz. Der klare Saft wird hierauf abgegossen und bis zur Syrupsdicke bei gelindem Feuer inspissirt. Treibt man das Inspissiren so weit, daß die anfänglich angenommenen 50 Maaß auf 12 Pfund im Gewicht reducirt sind, so giebt dieses auch den Moment, wo die Masse sich kristallisiret. Diese 12 Pfund eingedickten Saftes, geben und dann 3 bis 4 Pfund kristallinischen Zucker und 8 Pfund des besten Syrups. Dies sind die Aufschlüsse, welche die bisher vom Herrn Doctor Neuhold in Grätz angestellten Versuche über diesen Gegenstand an die Hand geben.

§. 267. Es ist nicht zu zweifeln, daß sich an der bisher angegebenen Manipulation noch manches werde verbessern und abkürzen lassen.

§. 268. Nimmt man an, daß auf einem Joch (16000 Quadratklafter) ungefähr 20,000 süße Maisstängel stehen, so kann man in Jahren, wo der Mais vollkommen geräth, von demselben 2 Centner 40 Pfund Syrup hoffen, und dies von einem Materiale, welches man bisher auf keine andere Art benutzte, als daß man es in den Düngerhaufen warf, oder zur Fütterung verbrauchte, und welches auch nach dem Auspressen, nicht nur zu diesem Gebrauche, sondern getrocknet, klein geschnitten und heiß abgebrüht, auch zur Fütterung tauglich ist.

§. 269. Eine andere Methode, welche in Sekau versucht worden ist, besteht darin, daß man den ausgepreßten Saft beim ersten Sieden mit Kohlenstaub aufwallen läßt, und ihn durch leinene Tücher filtrirt. Die Kohle entzieht dem Safte nicht nur vielen Schleim, sondern benimmt ihm auch den Grasgeschmack; nur ist aber das Filtriren wegen des häufigen Schleims, der sich an den Kohlstaub ansetzt, mühsam und langwierig.

Vierter Abschnitt.

Darstellung eines brauchbaren Syrups aus Birnen und Aepfeln.

Erste Abtheilung.

Zubereitung eines schönen zuckerreichen Syrups aus Birnen.

(Nach des Verfassers Angabe.)

§. 270. Die Birnen, vorzüglich die süßen, saftreichen wie Malvasier- Bergamotten- Franz- Jungferbirnen ꝛc. sind so reich mit Zuckerstoff beladen, daß man sich in der That wundern muß, ihren Gehalt an Zucker, nicht schon früher für die Haushaltungen benutzt zu sehen.

§. 271. Um hieraus ein Birnmuß zu verfertigen, werden die Birnen in Stücken geschnitten, hierauf in einem Kessel mit ihrem zwiefachen Gewicht reinen Flußwassers unter stetem Umrühren so lange gekocht, bis sie sich in Brei verwandelt haben. Jener dünne Brei wird sodann durch ein Drathsieb mit ganz kleinen Maschen gerieben, um die Schaalen und Kernhülsen davon zu befreien, worauf das Durchgelaufene über gelindem Feuer nach und nach bis zur Konsistenz eines Mußes eingedickt wird.

§. 272. Jenes Birnmus zeichnet sich durch eine hellbraune Farbe, einen angenehmen honigartigen Geschmack, und einen den gebratenen Birnen ähnlichen Geruch aus. Es ist so dauerhaft, daß dasselbe in gut verschlossenen

Gefäßen mehrere Jahre hinter einander ohne Verderbniß aufbewahrt werden kann.

§. 273. Jenes Birnmuß ist süß und so angenehm im Geschmack, daß solches nicht nur auf Brodt genossen, ein sehr gutes Ersatzmittel für die vorzüglich im Winter sehr theure Butter ausmacht, sondern auch zum Versüßen der Mehlsuppen, der Biersuppen, so wie vieler anderen Speisen und Getränke, statt des Zukkers, mit Vortheil benutzt werden kann.

§. 274. Aus einer Berliner Metze Birnen, welche $4\frac{1}{2}$ bis 5 Pfund wiegt, gewinnt man von jenem Muß $1\frac{3}{4}$ bis 2 Pfund, welches also viel wohlfeiler als das Pflaumenmuß zu stehen kommt, obschon in Hinsicht der Annehmlichkeit im Geschmack, solches dem Letzteren weit vorgezogen werden muß.

§. 275. Das Birnmuß hält aber neben dem Zuckerstoff auch alle schleimige Theile der Birnen in sich vereinigt, welche dasselbe nicht geschickt machen, um auch zum Versüßen des Thee's und Kaffee's in Anwendung gesetzt zu werden. Soll dieses der Fall seyn, so muß man den reineren Zuckerstoff aus den Birnen, in Form eines Syrups, abzuscheiden bemüht seyn, welches folgendermaßen veranstaltet wird.

§. 276. Man befreiet die Birnen von der äußern Schaale; so wie von den Kernen; man zerreibt dieselben hierauf auf einem Reibeisen, verdünnt den davon erhaltenen Brei mit der Hälfte seines Umfanges von reinem Flußwasser, und presset ihn dann in einem leinenen Beutel unter einer gewöhnlichen Presse gut aus.

§. 277. Dem gewonnenen Saft setzt man in einem Kessel so viel geschabte Kreide zu, daß auf den Saft von jeder Metze Birnen 2 Loth zu stehen kommt; man rührt alles wohl untereinander, und erhitzt nun das Ganze zum Sieden, in welchem man solches gegen 10 Minuten lang erhält, worauf das ganze Fluidum durch ein, über einen viereckigen Rahmen ausgespanntes, Stück Flanell gegossen wird.

§. 278. Hierdurch wird der Saft seiner Säure beraubt, die gewöhnlich neben dem Zukkerstoff in den Birnen enthalten zu seyn pflegt; er behält aber noch viele markige Theile bei sich, von denen er getrennt werden muß.

§. 279. Zu dem Behuf setzt man dem entsäuerten Safte von einer Metze Birnen das Weiße von zwei Eiern zu, rührt alles kalt damit wohl zusammen, und erwärmt nun das Gemenge wieder zum Sieden. Das Eiweiß nimmt alle markige Stoffe in sich, macht selbige gerinnend, und der Saft nimmt eine weinklare Beschaffenheit an. Man gießt ihn nun abermals durch ein Stück Flanell, und kocht das Durchgelaufene abermals bis zur Konsistenz eines gewöhnlichen Syrups ein. Man gewinnt von jeder Metze Birnen ein halbes bis Dreiviertel Pfund Syrup, der hellgelb von Farbe, so wie von einem reinen süßen Geschmack ist, und im Thee und Kaffe, so wie zu Kuchenwerk, zum Versüßen der Speisen rc. statt des Zuckers benutzt werden kann. In östreichen Gegenden, wo man die Berliner Metze Birnen mit 1 bis 2 Groschen bezahlt, kommt dieser Syrup sehr wohlfeil zu stehen.

Zweite Abtheilung.

Bereitung des Syrups aus Aepfeln.

(Nach Herrn Dubuc's Angabe.)

§. 280. Um den Zucker daraus zu gewinnen, der immer nur als ein liquider Zukker, in Form des Syrups erhalten wird, pflegt Herr Dubuc die Aepfel zu zerquetschen, den Saft auszupressen, ihn zu klären, und den geklärten Saft einzudicken.

§. 281. Zu dem Behuf setzt Herr Dubuc auf 9 Quart Saft, 3 Quart frische Milch, rührt alles wohl unter einander, und läßt das Ganze eine Stunde lang sieden; worauf das Fluidum mit dem Weißen von sechs Eiern geklärt, das Klare durch ein Gemisch von Sand und Kreide filtrirt, und bei der gelindesten Wärme zum Syrup eingedickt wird.

§. 282. Der zuckerreiche Syrup, den man auf diese Weise gewinnt, erhält den Zucker mit einer großen Menge Gummi gemengt; daher besitzt er einen schleimichten gallertartigen Zustand. Wird ein solcher gallertartiger Syrup aber mit Alkohol digerirt, so nimmt dieser den Zuckerstoff daraus auf, und läßt eine gummicht- schleimige Substanz zurück.

§. 283. Im obern Seine-Departement existiren bereits sechs bis acht bedeutende Fabriken von Syrup aus Aepfeln und Birnen. Außerdem verfertigen sich eine große Anzahl Privatpersonen selbst ihren Bedarf.

§. 284. Ich habe bemerkt, daß wenn der Syrup aus Aepfeln und Birnen gut verkaufbar seyn soll, derselbe bei mittlerer Temperatur eine Dichtigkeit besitzen muß, die nach dem Areometer für Salze und Säuren, 38 bis 40 Grad beträgt.

§. 285. Ich muß bemerken, daß es leicht ist, dem Syrup diese Dichtigkeit zu geben, wenn man nur mit 50 bis 60 Quart operirt. Bei 40 bis 50 mal größerer Quantität, gelingt das aber weniger leicht; denn aller Vorsicht ohngeachtet, wirkt dann die Wärme zerstörend darauf, verändert die Süßigkeit, und giebt dem Syrup einen brenzlichen Geschmack.

§. 286. Da es ferner schwer und kostbar ist, sich immer des Eiweißes zum Klären des Saftes bedienen zu können, wenn man Massen von 1000 bis 1200 Quart mit einemmal bearbeitet; so wende ich an dessen Stelle das Rindsblut *) an, wie solches auch beim gemeinen Zucker geschiehet. Zwei Eßlöffel voll Blut leisteten mir dieselben Dienste, wie das Weiße von einem Ei, man muß es aber mit seinem vierfachen Volum Wasser verdünnt, dem Safte kalt zusetzen, nachdem er gut filtrirt und von der Kreide befreit war: sonst ertheilt es gewöhnlich dem Syrup einen übeln Geschmack.

*) Die Klärung des Saftes mit Blut ist immer sehr unreinlich; die Galle, welche dem Blute gemeiniglich beigemengt ist, bleibt auch beim Syrup. Ich bediene mich zum Klären der gesäuerten und abgerahmten Milch, mit dem besten Erfolg.

§. 287. Wenn der Syrup aus Aepfeln und aus Birnen gut zubereitet worden ist, so kann man ihn nicht von einander unterscheiden. Ist er gut verfertigt, so muß er folgende Eigenschaften besitzen.

1) Ein Gefäß, das 2 Pfund 4 Loth Wasser faßt, muß 84 Loth Syrup aufnehmen; folglich verhält sich seine Dichtigkeit zu der des Wassers, wie $1\frac{1}{3}$ zu 1.

2) Sein Geschmack muß sehr Zuckerreich seyn; er muß sich vollkommen in reinem Wasser auflösen, ohne einen Satz zu bilden, und der Flüssigkeit eine angenehme gelbe Farbe ertheilen.

3) Ein Maaß Syrup mit acht Maaß Milch verdünnt, muß eine Flüssigkeit von hellgelber Farbe bilden, ohne die Milch gerinnend zu machen.

4. Ein Theil dieses Syrups mit 5 Theilen Branntwein gemengt, muß nach 24 Stunden nur eine sehr geringe Quantität Schleim fallen lassen, der durch ein Filtrum leicht davon geschieden werden kann.

§. 288. Die Erfahrung hat es bewiesen, daß dieser Syrup aus Obstarten, sowohl zum Versüßen des Brantweins, der Liqueure u. s. w., als auch in der Haushaltung zum Einmachen, zur Bereitung der Kompots u. s. w., gleich dem Zuckersyrup benutzt werden kann.

§. 289. Aus 30 bis 32 Pfund der geschälten Früchte, die man in 30 Quart Wasser 8 bis 10 Stunden gelinde kochen läßt, gewinnt man 5 bis 6 Pfund Syrup.

Fünfter Abschnitt.

Bereitung eines brauchbaren Syrups aus Pflaumen.

(Nach der Angabe des Herrn Dr. Crome.)

§. 290. Es ist bekannt, daß die Frucht des gewöhnlichen Pflaumenbaums (Prunus domestica,) die sogenannte blaue Pflaume oder Zwetschke, vielen Zuckerstoff enthält. Bereits im Herbste (1810) machte ich einen kleinen Versuch, um aus diesen Früchten einen brauchbaren Syrup, oder vielleicht selbst Zucker zu gewinnen, und er gelang so gut, daß ich mich entschloß im Herbst 1811 meine Arbeit zu wiederholen; die Resultate desselben theilte ich meinem Freunde Hermbstädt mit, welcher sie in der Kürze in seinem Bulletin bekannt machte, und auch ich habe ihrer schon (in meinem Handbuche der Naturgeschichte für Landwirthe 2. Theils, 2. Band. pag. 692) bei Gelegenheit des Pflaumenbaums erwähnt. Zu gleicher Zeit fand ich in den öffentlichen Blättern, daß auch

Hr. Dr. John einen ähnlichen Versuch gemacht hatte, welcher befriedigende Resultate lieferte. Kurz darauf verfertigte auch ein Chemiker in Westphalen, Syrup und Zucker aus Pflaumen, und erhielt dafür, wie uns öffentliche Blätter berichten, eine Gratifikation vom Könige von Westphalen. Es ist mir aber noch keine genaue Beschreibung des Verfahrens dieser beiden Chemiker bei der Bearbeitung des Pflaumensyrups bekannt; ich werde deshalb das meinige genau mittheilen, um einen jeden in den Stand zu setzen, meinen Weg zu verfolgen.

§. 291. Vorläufig muß ich noch erinnern, daß es bei der ganzen Sache sehr auf die Zeit ankommt, in welcher man die Pflaumen einsammelt. Ich habe aus den zuerst abgenommenen (also noch nicht zur Periode ihrer völligen Reife gelangten,) und aus den zuletzt eingesammelten Pflaumen Syrup bereitet, und dabei die Erfahrung gemacht, daß von den letztern beinahe noch einmal so viel Syrup gewonnen wurde, als von den ersteren. Man wird also, wenn man die höchste Quantität des Syrups, und ihn selbst von der besten Beschaffenheit zu erhalten wünscht, die Periode wählen müssen, in welcher die Pflaumen schon anfangen, an den Stielen einzuschrumpfen.

1) Geräthschaften und einige andere nothwendige Bedürfnisse, zur Bereitung dieses Syrups.

§. 292. Die Geräthschaften bestehen, wenn man nur einigermaßen ins Große arbeiten will:

1. In einer Presse; am besten halte ich hiezu eine Schraubenpresse, mit vertikal herabgehender Schraube. Ihre nähere Beschreibung übergehe ich hier, da sie einem jeden meiner Leser bekannt seyn wird.

2. Ein (oder einige) wie ein S geschlungenes Schneideeisen, dessen man sich zum Zerstoßen der Wurzeln und in den Haushaltungen zu bedienen pflegt.

3. Einige hölzerne, unten flache Keulen, zum Zerstampfen.

4. Einiger Zober von verschiedener Größe.

5. Einem kupfernen Kessel von ohngefähr 12 bis 20 Eimer Inhalt. Man kann hiezu die gewöhnlichen eingemauerten großen Waschkessel sehr gut gebrauchen.

6. Ein Sieb mit einem sogenannten Moskoviter Boden. Einige Seihetücher von Flanell. Einige Tenakel, Schaumlöffel, Kelien ꝛc.

§. 293. Außerdem hat man noch eine (nach Verschiedenheit der Quantität Pflaumen, welche man bearbeitet, zu bestimmende) Quantität gepulverter Kreide, oder statt dieser, guten gebrannten und gelöschten Kalk nöthig. Ferner eine Quantität frischer, abgerahmter Milch, und etwas Lackmuspapier zur Prüfung des Pflaumensafts.

2) Vom Zerkleinern und Auspressen der Pflaumen.

§. 294. Die Pflaumen werden zuerst einige Male gewaschen, um sie von allen ihnen anhängenden Unreinigkeit zu reinigen. Alsdann werden sie ausgekernt; diese Arbeit ist etwas mühsam, geht aber um so schneller und leichter von statten, je reifer die Pflaumen sind, weil sich dann der Kern um so besser löst. Am besten ist es, sie bloß durch Hülfe der Hand von ihren Kernen zu befreien, und nur bei denen, welche nicht gut vom Kerne loßlassen wollen, das Messer zu gebrauchen. Die Pflaumen enthalten nämlich, wie die mehrsten Früchte, etwas freie Säure, von welcher vorzüglich das Eisen leicht angegriffen wird, welches dann dem Syrup leicht einen schwachen Beigeschmack giebt. Man kann daher die, welche sich so nicht vom Kerne trennen wollen, zurückwerfen, und sie nachher für sich ausschneiden lassen. Da diese Arbeit, wenn man nur 5 bis 6 Scheffel bearbeitet, schon einigen Zeitaufwand verursacht, so thut man wohl, so viel Arbeiter wie möglich dazu zu nehmen, und sie am Abend oder Nachmittage vor dem Tage, an welchem man die Pflaume pressen will, vorzunehmen; 12 Personen, wozu man selbst Kinder von 10 bis 12 Jahren nehmen kann, pflegen in 2 bis 3 Stunden 6 Scheffel auszukernen. Die Kerne hebt man entweder zum Pflanzen oder zu anderweitigen Benutzung, auf welche ich nachher noch zurückkommen werde, auf.

§. 295. Die ausgekernten Pflaumen wirft man in einem Zober oder in einem großen Backtroge zusammen, und läßt sie, wenn man die Arbeit des Auskernens am Abend unternommen hat, die Nacht hindurch an einem kühlen Orte stehen. Hierbei kann ich nicht unberührt lassen, daß man für dichte Gefäße sorgen muß, in denen man diese Pflaumen hinstellt, denn schon nach dieser Operation fließt eine Quantität sehr süßen Saftes zusammen, welcher bei der Vernachlässigung jener Vorsicht verloren geht.

§. 296. Am andern Morgen schreitet man zum Zerstampfen und Auspressen der Pflaumen, wobei ich folgendes Verfahren für das zweckmäßigste befunden habe. Die ausgekernten Pflaumen werden in kleinen Quantitäten (ohngefähr zur Zeit ein halber Scheffel) in einem dazu paßlichen Zober, zuerst mit einem Schneideeisen zerstoßen, und dann noch mit einer hölzernen Keule zerstampft. Sind sie auf diese Weise genugsam verkleinert, so füllt man sie in einen nebenstehenden Zober und verfährt mit den übrigen Pflaumen eben so. Während eine Person diese Arbeit verrichtet, schreiten einige andere zum Pressen der zerquetschten Pflaumen. Es werden nämlich diese zerquetschten Pflaumen in den leinenen Preßbeutel (welcher nach Maaßgabe der Presse eine verschiedene Größe haben muß) mit großen hölzernen Löffeln gefüllt, unter die Presse gebracht, und nun gelinde auspreßt.

§. 297. Hiebey habe ich aber noch mehrere Bemerkungen zu machen, die ich wohl zu beherzigen bitte. Einmal rathe ich alles Metall so viel als möglich zu vermeiden; daher dürfen auch die Stoßeisen ja nicht in dem Zober liegen bleiben, in welchem man die Pflaumen zerqueschts, sondern man lege sie, wenn sie nicht gebraucht werden, bei Seite und trockne sie ab. Zum Ausfüllen der zerquetschten Pflaumen, bediene man sich nur hölzerner Löffel. Die Presse kann freilich ohne Metall nicht konstruirt werden; aber um den Saft möglichst rein zu erhalten, lasse man die kupferne Preßschaale verzinnen und sorge auch dafür, daß der hölzerne Preßdeckel mit verzinntem Eisenblech umschlagen sey.

§. 298. Zweitens rathe ich, die zerquetschten Pflaumen zuerst nur gelinde zu pressen, weil im entgegengesetzten Falle unfehlbar jedesmal der Beutel zerreißen würde. Man wird nämlich bemerken, daß der Pflaumenbrei sehr schleimig ist, und seinen Saft schwer von sich giebt, indem die Schleimtheile sich vor die Poren des Leinens setzen und diese verstopfen. Es wird oft vorkommen, daß ein Beutel reißt, deshalb muß man gleich mehrere bei der Hand haben, damit bei der Arbeit kein Stillstand eintritt. Auch ist es am besten, mehrere (vielleicht 2 bis 3) Leute bei der Presse anzustellen, durch einen die Beutel füllen, einen sie pressen und einen dritten die ausgepreßten Pflaumen aus dem Beutel schaffen zu lassen, damit die Arbeit ihren ununterbrochenen Fortgang behalte.

§. 299. Drittens rathe ich, die einmal ausgepreßten Pflaumen, von einer Person in einen hölzernen Zober schaffen, sie hier mit einer Quantität Wasser übergießen, und sie damit tüchtig durcharbeiten zu lassen. Auf einen Scheffel Pflaumen kann man hierbei ohngefähr einen Eimer Wasser nehmen.

§. 300. Ist dieses geschehen, so läßt man diesen entstandenen Brei wieder in die Beutel füllen, und ihn noch einmal durchpressen. Diese Arbeit ist freilich Zeitraubend, aber sie ist nöthig, wenn man das höchste Quantum gewinnen will, man würde wenigstens $\frac{1}{3}$ des ganzen Ertrages an Syrup verlieren, wenn sie nicht vorgenommen würde.

§. 301. Auf diese vorhin beschriebene Art verfährt man nun mit allen ausgekernten Pflaumen. Es ist hierbei höchst nöthig, daß die Arbeit rasch von Statten gehe, damit der ausgepreßte Saft, wo möglich noch am Nachmittage, weiter bearbeitet werden kann. Bleibt nämlich der ausgepreßte rohe Saft nur eine kurze Zeit, vielleicht einen Tag über stehen, so hebt gleich eine Gährung in ihm an, und man leidet auf jeden Fall Verlust. Ich habe deshalb nicht mehr als 5 bis 6 Scheffel mit einemmale auspressen lassen, und so viele Menschen als sich dabei gut beschäftigen liessen, dabei angestellt. Sicher wäre es noch vortheilhafter, wenn man 2 Pressen hätte, weil das Auspressen immer den grössten Aufenthalt macht; allein dieses würde zu kostspielig seyn, und man muß sich mit einer zu behelfen suchen. Um die Arbeit rascher zu beendigen, kann man sich allenfalls noch eine Hebelpresse verfertigen lassen, oder in Ermangelung derselben eine Flachsbreche nehmen, und dabei einige Leute anstellen, welche ebenfalls darin den Pflaumenbrei auspressen. Zwar wirken diese nicht so gut, wie eine Schraubenpresse; aber wenn man den einmal ausgepreßten Brei noch einmal nachwaschen und zum zweitenmale durchpressen läßt, so ist kein großer Verlust dabei, und die Arbeit rückt rascher vorwärts.

§. 302. Die nun zum zweitenmale durchgepreßten Pflaumen, schüttet man in einem hölzernen Zober zusammen, und läßt sie hier zur anderweitigen Benutzung, auf welche ich nachher noch zurückkommen werde, stehen.

§. 303. Die Preßbeutel müssen zwischen durch, wegen der sich innerhalb vorsetzenden Schleimtheile, ausgewaschen werden. Weil sie aber eine Menge Saft in sich gesogen haben, so nimmt man dieses Abwaschewasser, welches derselbe in sich nimmt, zum Auswaschen und Durcharbeiten der erst einmal ausgepreßten Pflaumen.

§. 304. Ein Scheffel guter Pflaumen liefert an reinem, nicht mit Wasser verdünntem Safte, ohngefähr 15 Berliner Quart; und der Saft selbst besitzt, wenn man reinlich gearbeitet hat, eine bräunliche Farbe, eine dickliche Konsistenz, und einen angenehmen süßen Geschmack.

3) Weitere Verarbeitung des ausgepreßten Safts zum Syrup.

§. 305. Der auf die vorhin beschriebene Weise gewonnene Saft enthält, außer dem Zuckerstoff, nun noch etwas freie Aepfelsäure, Eiweißstoff, Schleim und einige beim Pressen mit durchgegangene fasrige oder fleischige Theile, von welchen er so viel als möglich gereinigt werden muß, um in einen wohlschmeckenden Syrup verwandelt zu werden. Hierzu halte ich nun folgendes Verfahren für das zweckmäßigste.

§. 306. Man bringe den sämmtlich erhaltenen Saft (oder wäre die ganze Portion für den Kessel zu groß, so theile man ihn und bearbeite beide Portionen nach einander, welches aber mehrere Mühe verursacht) in den früher erwähnten, glatt gescheuerten kupfernen Kessel. Die ganze Saftmasse muß jedoch nur ohngefähr so viel betragen, daß der Kessel nicht über $\frac{2}{3}$ höchstens $\frac{3}{4}$ seines Inhalts voll wird. Hätte man die Pflaumen nicht nach meiner angegebenen Weise behandelt, sondern sie bloß ausgepreßt, nicht nachgewaschen, und daher reinen unverdünnten Saft gewonnen, so müßte er nun nothwendig mit der Hälfte seines Volumens an Wasser verdünnt werden, weil er zu der weiteren Bearbeitung zu schleimig wäre; dieses ist aber, wenn man meine angegebene Methode befolgt, natürlich nicht mehr nöthig. Hierauf bringe man ihn nun bei gelindem, allmählig etwas verstärktem Feuer, zum gelinden Kochen. Hierbei werden sich die in dem Safte enthaltenen Eiweißtheile durch die Wärme verdicken, und zugleich mit einigen anderen Unreinigkeiten, in Gestalt eines käsigten Schaumes, auf der Oberfläche erscheinen, von welcher man sie mit einer Schaumkelle abfüllt, und mit dem gelinden Aufkochen und Abschäumen so lange fortfährt, bis sich wenig oder nichts mehr absondert. Diesen abgenommenen Schaum sammelt man in einem irdenen oder hölzernen Gefäße, und stellt ihn zum weiteren Gebrauche hin.

§. 307. Alsdann macht man das Feuer etwas mäßiger, nimmt nun die (vorhin schon gepulverte oder geriebene) Kreide zur Hand, und schüttet in kleinen Quantitäten (ohngefähr zur Zeit $\frac{1}{8}$ bis $\frac{1}{4}$ Pfund) so lange davon zu, bis kein Aufbrausen mehr erfolgt, oder bis ein hineingetauchtes Stückchen blaues Lackmuspapier nicht mehr lebhaft geröthet wird.

§. 308. Diese ganze Operation geschieht, um die dem Safte noch anhängende freie Aepfelsäure, welche, wenn man sie ihm ließe, ihm einen unangenehmen Nebengeschmack ertheilen, und dem Verderben aussetzen würde, hinweg zu schaffen. Die Kreide besteht nämlich aus Kohlensäure und Kalk; die freie Aepfelsäure des Safts hat aber eine nähere Verwandschaft zum Kalk, als dieser zur Kohlensäure hat; sie verbindet sich daher mit ihm zu einem unauflöslichen Körper, dem äpfelsauren Kalk, welcher zu Boden fällt, wogegen die Kohlensäure in Luftgestalt mit Aufbrausen ausgeschieden wird.

§. 309. Dieser Behandlung des Safts mit Kreide, muß nothwendig die eben erwähnte Scheidung des Eiweißstoffes vorausgehen: denn läßt man diesen dabei und setzt gleich Kreide hinzu, so treten der äpfelsaure Kalk und der Eiweißstoff zusammen, und es entsteht eine große Menge einer krümlich käseartigen Masse, welche sich nachher nur mit Mühe durch langes Absetzen von der obenstehenden Flüssigkeit trennen läßt.

§. 310. Das Zuschütten der gepulverten Kreide muß nur unter kleinen Prtionen, bei gelindem Feuer, und unter beständigem Umrühren geschehen, denn es entwickelt sich hierbei eine bedeutende Menge kohlensaures Gas welches, bei unvorsichtiger Behandlung, leicht ein Uebersteigen der ganzen Masse bewirken kann. Auch muß man immer erst eine Weile warten, wenn man Kreide hinzugeschüttet hat, ehe man wieder eine neue Portion hineinträgt, damit sich die hineingetragene Quantität gehörig sättige könne.

§. 311. Die Quantität der zum Sättigen erforderlichen Kreide, läßt sich nicht genau bestimmen, weil es von der Beschaffenheit der Reife der Pflaumen abhängt, wie viel man gebraucht. Bei ganz gereiften Pflaumen hat man natürlich nicht so viel nöthig, als bei den noch nicht völlig reifen. Ich habe im Durchschnitt gefunden, daß 1 Pfund Kreide hinlänglich war, um den Saft von 1 Berl. Scheffel Pflaumen zu entsäuren. Das Lackmuspapier, oder eine genaue Aufmerksamkeit auf das Aufbrausen, giebt hier den besten Maaßstab; wird das erstere nicht mehr geröthet, und hört das Brausen beim Zuschütten der Kreide auf, so ist dieses ein Zeichen, daß die Sättigung vollendet sey. Uebrigens wird man immer besser thun, lieber etwas zu viel, als zu wenig Kreide zu nehmen; denn die überflüssig zugesetzte fällt als und ein unauflösliches Pulver zu Boden, sondert sich daher als eine unnachtheilige Substanz selbst ab; etwas überstehende Säure kann aber immer dem Safte einen Beigeschmack ertheilen.

§. 312. Ich empfehle hier die Kreide und nicht den Kalk, weil ich die erstere immer angewandt habe, und dabei einen sehr guten Syrup erhielt, und weil sie dem, in chemischen Arbeiten Ungeübten, einen Maßstaab an die Hand giebt, durch das Nachlassen des Aufbrausens den Sättigungspunkt zu bestimmen. Der gebrannte und nachher gelöschte Kalk, wird sicher dieselben Dienste leisten, aber einmal kann man seine Quatität nicht so genau bestimmen, zweitens bemerkt man kein Aufbrausen dabei, weil er von Kohlensäure frei ist, und endlich soll er dem Safte leicht einen geringen unangenehmen Beischmack geben. Jedoch kann ich über das letztere nicht genau urtheilen, weil ich ihn nicht angewendet habe. Uebrigens ist die Ausgabe für Kreide im Ganzen genommen so geringe, daß man diese leicht nehmen kann.

§. 313. Ist nun die Sättigung vollendet, so läßt man das Feuer unter dem Kessel wegnehmen, und füllt nun die ganze in ihm enthaltene Flüssigkeit in ein zur Hand gestelltes Faß. Am besten verfährt man immer, wenn man hierzu ein hohes, mit mehreren Zapflöchern versehenes Faß (ein sogenanntes Decantirfaß) nimmt; aber in Ermangelung desselben, kann man sich auch eines jeden anderen Fasses oder einer Wanne bedienen, nur sorge man dafür, daß das Verhältniß der Höhe dieses Fasses größer sey, als das der Breite und nicht umgekehrt, weil im letzteren Falle, beim nachherigen Abschöpfen des Saftes, der Bodensatz leicht aufgerührt wird und die Flüssigkeit trübt. Das Ausfüllen des gekochten Saftes aus dem kupfernen Kessel muß gleich geschehen, und man darf ja nicht so nachlässig seyn, ihn vielleicht eine Nacht oder einige Stunden darin stehen zu lassen, weil dieses leicht eine sehr schädliche Verunreinigung mit Kupfer nach sich ziehen könnte. In der Siedehitze wird das rein gescheuerte Kupfer nicht von dem Safte, selbst wenn er noch etwas freie Säure enthält, angegriffen, aber ist man so unvorsichtig, ihn nicht gehörig reinigen zu lassen: so wird das an ihm hängende Kupferoxyd gleich aufgelöst; und eben so würde sich auch dieses Kupferoxyd bald erzeugen, wenn man den Saft im Kessel wollte stehen lassen, und es würde nachher von ihm aufgelöst werden. Eben deshalb muß auch der Kessel gleich nach dem Ausfüllen gereinigt, und noch warm, trocken ausgewischt werden, damit keine Feuchtigkeit in ihm hängen bleibt, welche sonst leicht eine Bildung von Kupferoxyd zur Folge hat.

§. 314. In dem Absetzegefäße läßt man nun den ausgefüllten Saft, an einem kühlen Orte, wenigstens 24 bis 26 Stunden, zum Absetzen ruhig stehen. Man wird ihn schon am andern Morgen ziemlich klar finden; indessen halte ich es immer für besser, ihn die angegebene Zeit hindurch stehen zu lassen. Hat sich nun der Saft gehörig geklärt, und der äpfelsaure Kalk abgesetzt, so schreitet man (vielleicht am zweiten Morgen, wenn man die Sättigung am Nachmittage oder Abend vornahm) zur weiteren Bearbeitung des Saftes.

§. 315. Hat man ein Decantirfaß, so läßt man den geklärten Saft, so lange er noch klar läuft, in ein anderes Gefäß ablaufen. Hat man aber ein gewöhnliches Faß oder Wanne genommen, so kann man ihn entweder vorsichtig vom Bodensatze abschöpfen, oder mit einem Heber abnehmen. Das Abgießen mögte ich nicht anrathen, weil hierbei der Bodensatz leicht wieder aufgerührt und die Flüssigkeit getrübt wird. Alsdann gießt man ihn durch ein, über einen Tenakel gespanntes flanelleues Tuch, wodurch er leichter schnell laufen wird, um ihn von den, etwa in ihm schwimmenden, Unreinigkeiten zu befreien. Hiermit fährt man fort, bis der klare Saft so weit wie möglich abgeschöpft ist. Den Rückstand (wenn man mehrere Gefäße zum Absetzen hingestellt hatte, so gießt man den Rückstand zusammen) läßt man nun entweder ruhig stehen, damit sich der mit ihm verbundene Saft noch ferner abkläre, oder gießt ihn in einen flanellenen Spitzbeutel, um ihn durch diesen klar laufen zu lassen.

§. 316. Das Abschöpfen muß so behutsam wie möglich geschehen, damit der Bodensatz nicht aufgerührt werde, denn sonst setzt sich dieser in die Tücher, erschwert das Durchlaufen erstaunlich, und verlängert die Arbeit. In Hinsicht des Flanells habe ich noch zu bemerken, daß man ja keinen neuen Flanell nehme, ohne ihn vorher in heißem Wasser einigemale ausgewaschen zu haben. Es hängen diesem immer von seiner Bearbeitung her noch ölige Theile an, welche sonst der durchgegossenen Flüssigkeit sehr leicht einen üblen Geschmack mittheilen. Wollene Tücher sind übrigens zum Durchgießen immer besser als leinene, denn einmal läuft die Flüssigkeit leichter hindurch, und zweitens nehmen sie in ihrer haarigen Oberfläche die Unreinigkeiten besser auf, als jene.

§. 317. Den durchgegossenen Saft kann man nun wieder in den großen kupfernen Kessel bringen, und ihn hier bis zur Syrupsdicke einsieden. Will man aber den Syrup von der besten Beschaffenheit haben, so rathe ich noch folgendes Verfahren mit ihm vorzunehmen. Man setze nämlich dem durchgegossenen Safte so viele frische abgerahmte Kuhmilch hinzu, daß auf den Saft von einem Scheffel, ohngefähr 1½ Berl. Quart Milch zu stehen kommen. Diese Milch vermengt man kalt mit dem kalten abgeklärten Safte genau, gießt dieses Gemenge wieder in den Kessel, und bringt es hier durch untergelegtes gelindes Feuer, allmählig zum gelinden Kochen. Es werden hierbei die käsigten Theile der Milch gerinnen, und sich mit dem größten Theile des noch mit dem Safte verbundenen Schleims und etwanigen Eiweißstoffs, in Gestalt eines grauen käsigten Schaums auf seiner Oberfläche absondern. Von hier kann dieser nun größtentheils mit einer Schaumkelle abgenommen werden, der andere Theil muß aber noch wo möglich daraus entfernt werden, weil er sonst den Saft verunreinigen würde. Das Durchgießen durch flanellene Tücher oder einen Spitzbeutel von diesem Zeuge, wäre nun freilich das beste und sicherste Mittel, aber dieses macht vielen Aufenthalt, und vermehrt die Arbeit, welche beide in einer guten Wirtschaft so viel wie möglich vermieden werden müssen.

§. 318. Ich habe deshalb diesen Saft durch ein feines Sieb, mit einem sogenannten Moskowiter Boden von Pferdehaaren, gießen lassen, wobei er hinreichend klar durchlief, und die ganze Arbeit schnell von Statten gieng, so daß der Saft von circa 6 Scheffeln, wenigstens in $1\frac{1}{2}$ bis 2 Stunden durchgelaufen war. Will man sich die Mühe machen, so kann man ihn durch Flanell gießen, aber dann wird bei dieser Arbeit (wenn man ohngefähr die eben erwähnte Portion bearbeitet) wenigstens ein Tag hingehen. Die geronnenen Theile sammlet man in einem irdenen oder hölzernen Gefäße, und stellt sie zum weiteren Gebrauche hin. Man kann sie, um die Anfüllung vieler Gefäße zu vermeiden, gleich zu dem früher abgenommenen Eiweißstoffe schütten.

§. 319. Ist nun der Saft auf diese Weise völlig geklärt, so schüttet man ihn wieder in den Kessel, und läßt ihm hier bei gelindem Sieden bis zur mäßigen Syrupsdicke abdunsten, ohne darin zu rühren. Es wird sich hierbei immer noch etwas Schaum absetzen, den man mit einer Schaumkelle abnehmen, und zu den gesammleten Abfällen (Eiweiß und Schleim) schütten kann. Hierauf füllt man ihn gleich in vorher wohl ausgetrocknete und erwärmte Steintöpfe, und bringt ihn dann aus diesen in einen kleineren, flachen, zum Abrauchen bestimmten, inwendig verzinnten Kesfel, worin man ihn bis zur völligen Syrupsdicke bei gelindem Feuer abdunsten läßt; oder man füllt ihn, wenn der Abdampfkessel groß genug ist, um die ganze Masse zu fassen, gleich in diesen und verfährt wie vorher. Hat er hierin nun seine völlige Konsistenz erhalten, so füllt man ihn noch warm in die erwärmten Steintöpfe, läßt diese so lange offen oder mäßig bedeckt, bis der Syrup völlig abgekühlt ist, verbindet sie dann mit Papier oder einer andern dichten Bedeckung, und bewahrt den Syrup an einem kühlen Orte zum Gebrauche auf.

§. 320. Hat man nach der hier angegebenen Weise genau gearbeitet, so wird man einen sehr wohlschmeckenden Syrup erhalten, welcher, statt des gewöhnlichen Zuckersyrups, vollkommen zur Versüßung der Speisen benutzt werden kann. Sorgt man nun dafür, daß die Gefäße, in welchen man ihn aufbewahrt, vollkommen trocken waren, so kann man sicher dafür seyn, daß er nicht schimmle oder auf andere Art verderbe. Es versteht sich aber von selbst, daß man ihn an einem kühlen Orte, etwa in einer Speisekammer oder im Keller aufbewahren muß, weil er in starker Wärme, wie jeder andere Syrup, in Gährung geräth. Er verbessert sich vielmehr durch das Stehen noch wesentlich und wird süßer, indem der geringe Theil des noch fein in ihm zertheilten äpfelsauren Kalks, welcher sich früher vielleicht nicht vollkomme aus ihm absetzte, bei dem ruhigen Stehen aus ihm zu Boden fällt. Ueber die Quantität, welche man an Syrup erhält, werde ich späterhin noch reden.

§. 321. Ich habe es versucht, aus dem völlig geklärten Safte durch langsames Abdunsten kristallisirbaren Zucker zu gewinnen, aber es gelang auf diese Weise nicht. Ich zweifle zwar nicht, daß man bei einer anderen Behandlungsweise Zucker daraus wird darstellen können, indessen frägt es sich, ob dieses nicht zu viele Umstände für den in chemischen Arbeiten Ungeübten macht, und überhaupt Vortheil dabei herauskomme. Wir haben ja schon sehr viel gewonnen, wenn wir uns nur einen wohlschmeckenden Syrup zu geringeren Preisen verschaffen können, als den gemeinen Zukkerstoff, und dieses gelingt auf die angezeigte Weise vollkommen.

4) Von der Benutzung der Rückstände.

§. 322. Bei der Bereitung des Pflaumensyrups, nach meiner Verfahrungsart, erhält man eine bedeutende Menge Abfälle, welche man noch auf verschiedene Weise sehr vortheilhaft in den Haushaltungen benutzen kann.

1. Gewinnt man bei dem Auskernen eine Menge Pflaumenkerne, welche theils zum Verpflanzen gebraucht, theils wie ich nachher zeigen werde, zur Bereitung eines wohlschmecken-

den Branntweins, mit den übrigen Rückständen verbraucht werden können.

2. Bleiben bei dem Auspressen der Pflaumen eine Menge markiger, faseriger und häutiger Theile übrig, welche dem Volumen nach wenigstens die Hälfte der zum Pressen angewandten Pflaumen betragen.

3. Hat man sowohl den Eiweißstoff, als auch den übrigen Schaum, beim weiteren Einsieden des Safts gesammlet.

§. 323. Diese Rückstände kann man nun auf verschiedene Weise benutzen.

a) Zur Bereitung von Branntwein.

§. 324. Dazu würde ich rathen, die Rückstände 2 und 3 mit einander zu vermischen, allenfalls, wenn das Gemisch noch nicht flüssig genug wäre, etwas warmes Wasser hinzu zu setzen; dann ohngefähr den vierten Theil der gewonnenen Kerne zerstoßen zu lassen, auch diese darunter zu mischen, die ganze Masse gähren zu lassen, den Zeitpunkt der Weingährung abzuwarten und sie dann auf die Destillirblase zu bringen und abzuziehen. Ich bin gewiß, daß man auf diese Weise einen sehr gutschmeckenden Branntwein gewinnen wird.

§. 325. Selbst habe ich diese Benutzungsart nicht versucht, weil es mir an einer Blase fehlte; aber ich habe bemerkt, daß die zur Essiggährung hingestellte Masse in einigen Tagen in eine sehr angenehm riechende Weingährung gerieth, und es leidet keinen Zweifel, daß ich einen sehr guten Branntwein daraus würde gewonnen haben, wenn ich die Masse hätte destilliren können. In Pohlen wendet man die Pflaumen häufig zum Branntweinbrennen an, nimmt einen Theil der Kerne hinzu, und gewinnt eine Sorte Branntwein daraus, welche man dem Fruchtbranntwein vorziehet.

§. 326. Zwar ist bei unserer Behandlung der Zucker größtentheils aus den Pflaumen geschieden, aber es läßt sich nicht läugnen, daß noch etwas zurück bleibt. Außerdem aber bestehen die Rückstände sämmtlich aus solchen Substanzen (Schleim, schleimiger Faser und Eiweiß,) welche, unter den zur Gährung nöthigen Bedingungen, leicht in die Weingährung und von dieser zur Essiggährung übergehen.

b) Zur Bereitung von Obstessig.

§. 327. Hat man keine Destillirblase, so rathe ich, die Rückstände zu Obstessig zu benutzen. Dieses läßt sich ohne viele Umstände bewerkstelligen. Man verfährt wie vorhin, schüttet die sämmtlichen Rückstände zusammen, nimmt aber die Kerne nicht hinzu, und läßt sie (vielleicht indem man, wenn der Brei zu dick wäre, noch etwas Wasser hinzusetzt) in einem weiten hölzernen Gefäße gähren. Ist die Essiggährung vollkommen eingetreten, so preßt man die ganze

Masse aus, welches, da der Schleim nun schon aufgelöst und durch die Gährung umgewandelt ist, viel leichter gehen wird, als das Auspressen der frischen Pflaumen. Die gewonnene Flüssigkeit bringt man entweder für sich auf Ankerfässer oder mischt ihr in jedem Ankerfasse 1 bis 2 Berl. Quart Branntwein zu, und läßt sie damit weiter gähren, bis der Essig nicht mehr an Säure weiter zunimmt. Auf diese Art wird man einen sehr guten Essig gewinnen. Wie groß die Ausbeute des aus diesen Rückständen bereiteten Essigs, und wie stark er selbst seyn wird, kann ich noch nicht genau bestimmen, da die damit angefüllten Fässer ihre Essiggährung noch nicht vollendet haben und noch immer an Säure zunehmen.

§. 328. Daß man die Rückstände auch zur Viehfütterung anwenden könnte, bedarf wohl meiner Erinnerung nicht, indessen wäre dieses unter allen gewiß die unvortheilhafteste Benutzungsart.

5) Resultate.

§ 329. Der Ertrag an Syrup, welchen ich aus den sämmtlich bearbeiteten Pflaumen erhielt, war sehr verschieden, indem mir die zuletzt bearbeiteten beinahe noch einmal so viel desselben lieferten, als die ersten. Dieses schreibe ich theils der Beschaffenheit der Pflaumen, theils meiner frühern noch nicht ganz zweckmäßigen Bearbeitungsweise zu, indem ich durch mehrere Versuche nach und nach erst auf den besten Weg gelangen mußte. So lieferten mir z. B. zuerst 3 Scheffel (Berliner) nur 20 Pfund Syrup, also der Scheffel nur 6 Pf. 21⅓ Loth. Nachher erhielt ich aus 5 Scheffel Pflaumen 50 Pfund Syrup, also 10 Pfund vom Scheffel. Die noch später bearbeiteten lieferten 14 Pfund vom Scheffel, und die letzten 16 Pfund Syrup vom Scheffel. Dieser Syrup war von der Dichtigkeit, daß ein Berl. Quart 3 Pfund an Gewichte hielt. Im Ganzen genommen wurden 20 Scheffel bearbeitet, und aus diesen 161 Pfund Syrup gewonnen. Die Durchschnittzahl würde also in diesem Falle vom Scheffel 8 Pfund betragen. Wie gesagt, war aber der Ertrag sehr verschieden und ich bin gewiß, daß, wenn man die Pflaumen im gerechten Zeitpuncte ihrer Reife nimmt, und völlig nach meiner angezeigten Weise arbeitet, man den Ertrag wenigstens auf 10 bis 12 Pfund vom Scheffel berechnen kann. Um indessen zu beweisen, daß schon bei dem Ertrage, den ich bei meiner zum Theil unvollkommenen Bearbeitung (indem ich mit den ersten Portionen Versuche machen mußte, um die beste Behandlungsweise aufzufinden,) erhielt, ein bedeutender Vortheil statt findet, werde ich eine Berechnung der Kosten folgen lassen. Den Berliner Scheffel Pflaumen rechne ich zu dem, nicht geringen Preise von 1 Thl. 8 Gr. Münze = 20 Gr. pr. Courant.

20 Schfl. Pflaumen à 20 Gr. 16 Thl. 16 Gr. Crt.
Für Arbeitslohn, Feuerung
Preßbeutel, Kreide und
Milch: 5 Thlr. 16 Gr.
Münze = ... 3 - 18 - -

Summa 20 Thl. 10 Gr. Crt.

§. 330. Wenn also 160 Pf. Syrup in Summa 20 Thl. 10 Gr. kosten, so beträgt dieses für das Pfund $3\frac{1}{8}$ Gr.

§. 331. Ich habe hier die Zinsen des Kapitals für die Anschaffung der Presse, des Kessels und der übrigen Geräthschaften nicht mit berechnet, weil ebenfalls der Gewinn an Branntwein oder Essig aus den Rückständen, welcher diese Zinsen weit übersteigen wird, nicht mit berechnet ist.

§. 332. Kann man sich für 3 Gr. schon einen sehr guten, wohlschmeckenden, brauchbaren Syrup verschaffen, so wird man schon bedeutend gewinnen, indem guter Zuckersyrup jetzt wenigstens das Pfund 8 bis 10 Gr. Crt. kosten! — Noch bedeutend höher wird der Gewinn, wenn wir den Ertrag an Syrup aus einem Scheffel auf 10 Pfund berechnen. Denn in diesem Falle würde das Pfund Syrup noch nicht auf $2\frac{1}{2}$ Gr., bei 12 Pfund Ertrag hingegen, welche ich bei einer guten Bearbeitung und aus guten Pflaumen mit völliger Sicherheit versprechen kann, würde das Pfund nur auf 2 Gr. zu stehen kommen! —

§. 333. Es bedarf wohl diese Benutzungsart der Pflaumen meiner weiteren Empfehlung

pfehlung nicht, da der Vortheil derselben einem Jedem zu überzeugend in die Augen springen muß. Ich bin zufrieden, hier dem Publiko eine genaue Anleitung zur Selbstbereitung eines für unsern Haushaltungen so wichtigen Produkts mitgetheilt zu haben.

§. 334. Wenn wir annehmen, wie bedeutend schon der Ertrag ist, welcher jährlich an Pflaumen in den deutschen Staaten gewonnen wird, und wie sehr leicht dieser Ertrag durch einen vermehrten Anbau des überall, ohne große Sorgfalt und selbst auf schlechten Boden fortkommenden Pflaumenbaums, noch bedeutend erhöht werden könnte, so ergiebt es sich von selbst, welche Vortheile daraus für den Staat hervorgehen, und welche bedeutende Summen dadurch erspart werden könnten, welche wir jetzt dem Auslande für seine Produkte zollen müssen.

Sechster Abschnitt.

Daŝtellung eines brauchbaren Syrups aus gelben Möhren oder Moorrüben.

(Nach der Angabe des Hrn. Pr. Crome.)

§. 335. Unter unsern Wurzelgewächsen zeichnen sich die Wurzeln der Möhren oder Moorrüben (Daucus Carota L.) vorzüglich durch ihren süßen Geschmack aus, und es ließ sich vermuthen, daß auch sie zur Bereitung eines schmackhaften Zuckersyrups würden zu benutzen seyn. Ich stellte daher einige Versuche in dieser Hinsicht an, welche vollkommen befriedigend ausfielen: ich werde deshalb die Beschreibung und Resultate derselben dem vorgehenden Aufsatze folgen lassen, weil ich auch den Möhrensyrup als ein vortrefliches Ersatzmittel des Zuckersyrups, welches man sich beinahe noch mit leichterer Mühe und für geringere Kosten, wie den Pflaumensyrup verschaffen kann, aus voller Ueberzeugunng empfehlen kann.

§. 336. Mein würdiger Vorgänger Einhof hat uns eine chemische Analyse der Möhren hinterlassen, wonach diese zusammengesetzt sind aus: wässrigen Theilen 86, 38 p. Ct., Eiweißstoff 0,86 p. Ct. Schleimzucker 8,13 p. Ct. und Faser 4,63 p. Ct.; es ergiebt sich also schon aus dieser Analyse, daß sie eine bedeutende Menge Schleimzucker enthalten müssen, und es kam nur noch darauf an, zu erweisen, ob die Scheidung desselben leicht und ob sie vortheilhaft sey.

§. 337. Daß man sich aus den Möhren ein sogenanntes Muuß bereitet, indem man die Möhren zerschneidet, kocht, auspreßt und die erhaltene Flüssigkeit einsiedet, ist bekannt; man erhält aber auf diese Weise ein dickes, schleimiges Muuß, und keinen reinen Zuckersyrup, indem nicht allein während dem Kochen alle Bestandtheile der Möhren innig mit einander verbunden, sondern auch noch schleimige Theile der Faser aufgelöst werden, welche die schleimige Beschaffenheit des Produkts noch vermehren. Dieses Muuß hat einen nicht unangenehm, aber doch den eigenthümlichen Möhrengeschmack, und kann freilich in den Haushaltungen auf mannigfaltige Weise benutzt, aber doch nicht statt des Zuckersyrups angewendet werden. Nur kam es darauf an, den Syrup so rein zu erhalten, daß er statt des Zuckersyrups benutzt werden könnte, und dazu mußte ich ein anderes Verfahren wählen.

x. Geräthschäften und andere nothwendige Bedürfnisse zur Bereitung dieses Syrups.

§. 338. Die Geräthschaften sind größtentheils dieselben, welche ich bei der Bearbeitung des Pflaumensyrups angegeben habe; nur mit dem Unterschiede, daß man hier statt des Schneideeisens einige Reibeeisen nöthig hat, um die Möhren zu zerkleinern, und daß man beim Reinigen des Safts des Siebes nicht bedarf. Etwas Kalk oder besser Kreide, muß man sich auch vorräthig halten, weil auch dem Möhrensafte einige freie Säure anhängt, welche abgestumpft werden muß, wenn man den Saft von vorzüglich reinem Geschmack erhalten will.

2. Vom Zerkleinern und Auspressen der Möhren.

§. 339. Vor dem Zerkleinern der Möhren müssen diese erst gewaschen und von ihrer äußern Rinde befreit werden. Diese letztere Arbeit, welche sehr leicht auf die bekannte Weise durch Schaben mit einem Messer verrichtet werden kann, halte ich deshalb für nöthig, weil in dieser Rinde ein gewisser harziger Stoff vorzüglich seinen Sitz hat, welcher in hohem Grade den eigenthümlichen Möhrengeschmack, und eine stark gelbfärbende Eigenschaft besitzt. Einhof erwähnt seiner schon bei der vorhingenannten chemischen Analyse (in Thaers Annalen B. 7. p. 46 — 47.) Da man die Rinde und zugleich mit ihr dieses Harz auf eine leichte, wenig kostspielige Weise fortschaffen kann, so wüßte ich nicht, warum man sich dieser Arbeit überheben wollte, da man ohnehin dadurch den Syrup reiner und schmackhafter erhält.

§. 340. Alsdann werden diese Möhren auf gewöhnlichen Reibeeisen gerieben; wollte man die Arbeit in's Große treiben, so könnte man sich freilich dazu einer der, zu einem ähnlichen Zweck bestimmten, (in „Hermbstädt's Anleitung zur Fabrikation des Runkelrübenzuckers" S. 31 ꝛc.) beschriebenen und zugleich dort abgebildeten Reibemaschinen, bedienen; indessen geht die Arbeit auf gewöhnlichen Hand-Reibeeisen schnell und gut, und wie ich nachher durch meine Berechnung beweisen werde, ohne viele Kosten von Statten, so daß ich den kleinern Haushaltungen nicht zur Anschaffung jenes Apparats rathen, sondern diese bekanntere Methode empfehlen mögte. Sechs Weiber können in einem Tage 6 Scheffel Möhren schälen und zerreiben, und wenn man nun die Tagearbeit einer Frau auf 3 — 4 Gr. Münze berechnet, so ergiebt es sich, daß dadurch die Kosten der Produkte nur sehr wenig vermehrt werden.

§. 341. Man kann die Möhren so zerreiben ohne Nachtheil eine Nacht oder einen Tag stehen lassen, ehe man sie auspreßt, wenn man nur die Vorsicht beobachtet, sie an einem kühlen Orte hinzustellen. Hierauf folgt nun die Arbeit des Auspressens des Möhrensaftes, die man vielleicht am andern Morgen, wenn man die Möhren am Tage zuvor zerrieben hat, vornehmen kann. Im Ganzen genommen verfährt man dabei eben so, wie bei dem Auspressen des Pflaumenbreies, nur mit dem Unterschiede, daß man die zerriebenen Möhren nur einmal auszupressen nöthig hat. Sie enthalten nämlich weniger Schleim als die Pflaumen und entlassen ihren Saft sehr leicht, so daß man mit einmaligem Pressen den Saft hinlänglich herausbringt. Der Saft pflegt ziemlich dünnflüssig, gelbröthlich und von süßem Geschmack zu seyn. In der Regel beträgt die Quantität des Safts aus einem Scheffel 12 Berl. Quart. Ohne Zweifel würde man etwas mehr Syrup gewinnen, wenn man die nun zurückbleibende gelbe Faser (wie ich es bei den Pflaumen angegeben habe) mit Wasser auswaschen, und noch einmal durchpressen wollte; ich zweifle aber daran, daß dieses Verfahren vortheilhaft wäre, denn einmal wird dadurch die Arbeit bedeutend vermehrt, und zweitens erhält man weit mehr Flüssigkeit, muß den Saft längere Zeit sieden lassen, und bedarf dazu einer größern Quantität Feuerung. Ich habe daher die zurückbleibende Faser dem Rindvieh verfüttern lassen, welches sie sehr gern frißt und dem sie ein gutes Nahrungsmittel liefert, da es bekannt ist, daß die Faser der Wurzelgewächse größtentheils aus erhärtetem Schleim (mit etwas Eiweiß) besteht, welcher sich nur durch Sieden mit Wasser auflösen läßt, von dem thierischen Magen aber sehr gut aufgelöst wird.

3. Weitere Verarbeitung des ausgepreßten Saftes zum Syrup.

§. 342. Der gewonnene Möhrensaft enthält nun Schleimzucker, Eiweißstoff, etwas von dem vorgenannten harzigen Stoffe, und eine geringe Menge freier Aepfelsäure, von den letzteren drei Bestandtheilen, und auch so viel als möglich vom Schleime, muß man ihn zu befreien suchen, wenn man einen reinen, wohlschmeckenden Syrup erhalten will, und hiezu habe ich nun folgendes Verfahren angewandt, welches ich mit Zuversicht empfehlen kann.

343. Man bringt ihn in den vorhingenannten kupfernen Siedekessel, und vermischt ihn hier gleich kalt mit so vieler abgerahmter Milch, daß auf den Saft von jedem Scheffel Möhren (also ohngefähr auf 12 Quart) 1 höchstens 1½ Berl. Quart kommen. Alsdann legt man gelindes Feuer unter und läßt dieses allmählig bis zum Sieden der Flüssigkeit verstärken. Hierbei werden nun sowohl der in dem Safte enthaltene Eiweißstoff, als auch der käsige Theil der Milch gerinnen, und einen Theil des Harzes, so wie mit durchgepreßt faserige Theile und andere dem Safte anhängende Unreinigkeiten, mit sich in die Höhe führen, und hier in der Gestalt eines gelben käsigen Schaumes erscheinen, den man, so lange seine Absonderung dauert, mit einer Schaumkelle sorgfältig abnehmen muß.

§. 344. Hat die Absonderung des Schaumes aufgehört, so setzt man nun, unter Beobachtung eben der Vorsichtsmaaßregeln, welche ich früher hier beim Pflaumensyrup angegeben habe, so lange gepulverte Kreide hinzu, bis das blaue Lackmuspapier nicht mehr geröthet wird, oder bis man kein Aufbrausen mehr bemerkt. Man wird hiezu nur eine geringe Menge nöthig haben; bei meinen Versuchen reichte ich in der Regel mit ½ bis ¾ Pfund Kreide auf den Saft von 3 Scheffeln Möhren aus; höchstens wird man zu einer solchen Quantität 1 Pfund nöthig haben. Hierdurch wird nun nicht allein die freie Säure fortgeschafft, welche, wenn sie in der Mischung blieb, dem Syrup einen unangenehmen Geschmack mittheilen würde, sondern es wird dadurch zugleich die vollkommne Absonderung des gelben Harzes bewirkt. Man wird nämlich gleich nach dem Zuschütten der Kreide wieder einen gelben Schaum auf der Oberfläche der Flüssigkeit bemerken, den man mit einer Schaumkelle sorgfältig abnehmen muß. Ist nun die Sättigung der freien Säure mit der Kreide auf diese Weise vollendet, und sondert sich weiter kein gelber Schaum ab, so füllet man die Flüssigkeit in die früher beschriebenen Absetzefässer oder Wannen, und läßt sie hierin ruhig einen Tag (oder wenn man die Behandlung mit Kreide am Mittage oder Nachmittage vornahm) nur bis zum folgenden Morgen stehen.

§. 344. Der Möhrensaft bedarf nämlich zum Absetzen der längeren Ruhe nicht, welche man dem Pflaumensafte lassen muß, da dieser letztere weit schleimiger ist, und daher auch die schweren Kalktheile langsamer in ihm zu Boden sinken. Man wird den Möhrensaft schon am andern Morgen völlig klar, und am Grunde der Gefäße einen gelblich weißen Bodensatz finden. Von diesem gießt oder schöpft man ihn nun so vorsichtig wie möglich ab, gießt ihn, wenn noch etwas darin schwimmen sollte, durch ein flanellnes Tuch, wodurch er leicht laufen wird, und siedet ihn allmählig bis zur Syrupskonsistenz, ohne irgend eine anderweitige Behandlung, ein. Man wird auf diese Weise einen sehr angenehm schmeckenden Syrup gewinnen, der in Hinsicht seines Zuckergehalts dem Pflaumensyrup nur wenig nachsteht, und — wenn man auf die angegebene Weise arbeitete — beinahe gar keinen Möhrengeschmack mehr besitzen wird; so daß man ihn vollkommen so gut als den gemeinen Zuckersyrup zur Versüßung der Speisen auch benutzen kann. Hat man ihn weit genug eingesotten, und bewahrt man ihn in völlig ausgetrockneten Steintöpfen oder hölzernen Gefäßen an einem kühlen Orte auf, so kann man sicher seyn, daß er nicht verderbe. Im Gegentheil verbessert sich dieser Syrup, so wie der Pflaumensyrup (wie ich bemerkt habe), durch das längere Stehen beträchtlich, vielleicht indem er noch einigen äpfelsauren Kalk absetzt, und erhält nachher einen so reinen, angenehmen Geschmack, daß man ihn kaum von dem gemeinen Zuckersyrup, den er in Hinsicht der Reinheit von fremdartigen Beimischungen noch übertrifft, unterscheiden kann.

4. Benutzung der Rückstände.

§. 346. Wie ich vorhin schon angegeben habe, wurde die nach dem einmaligen Auspressen der zerriebenen Möhren zurückgebliebene Faser bloß zur Viehfütterung benutzt. Ich zweifle aber nicht daran, daß man auch sie zur Branntweinbereitung anwenden könnte. Aus Mangel einer Blase konnte ich keine Versuche darüber anstellen. Zur Essigbereitung paßt sie wahrscheinlich nicht so gut, als die Rückstände der Pflaumen, da sie schwerlich hierbei den eigenthümlichen Möhrengeschmack ganz verlieren, und diesen daher dem entstandenen Essig mittheilen wird. Dem Branntwein wird sie wahrscheinlich diesen Geschmack nicht mittheilen. Wenn man sie aber auch nur zur Viehfütterung verwendet, so wird sie doch noch einen nicht geringen Werth haben, denn aus 1 Scheffel = 100 Pfund wurden an Safte 12 Quart, das Q. zu $2\frac{1}{2}$ Pfund = 30 Pfund gewonnen; nun sind aber nach Einhofs Analyse in 100 Theilen höchstens 5 Theile Faser enthalten, der Rückstand muß also noch eine bedeutende Menge Schleim und Eiweißstoff enthalten, welche als sehr nahrhafte Substanzen bekannt sind.

5. Resultate.

§. 347. Es wurden bis jetzt im Ganzen genommen 12 Scheffel Möhren zu verschiedenen Malen verarbeitet, deren Ertrag an Syrup sich größtentheils gleich blieb, doch erhielt man einmal etwas mehr als das andere Mal. Ich werde deshalb hier den Gesammtertrag angeben, um darnach meine Berechnung zu machen.

§. 348. Aus zwölf Scheffel Möhren zusammengenommen, wurden an gutem konsistenten Syrup gewonnen 45 Pfund, also aus dem Scheffel beinahe 4 Pfund.

§. 349. Das Arbeitslohn hierbei, so wie die Kosten für Feuerung, Milch, Kreide rc. betrugen in

Summa	2 Thl. 8 Gr. Crt.
12 Scheffel Möhren à 6 Gr.	3 - — - -
Summa	5 Thl. 8 Gr. Crt.

§. 350. Aus 12 Scheffel Möhren wurden 45 Pfund Syrup gewonnen; wenn nun die sämmtlichen Kosten hierbei 5 Thl. 8 Gr. betragen, so kostet das Pfund dieses Syrups 2 Gr. 10 Pf., also nicht völlig 3 Gr. Hierbei ist die Benutzung der Rückstände wieder nicht berechnet. Die Möhren sind zu einem solchen Preise angeschlagen, für den man sie in Masse kaufen kann; ein Landwirth kann sie, zur eignen Consumtion natürlich so hoch nicht anrechnen.

§. 351. Der Ertrag der Möhren ist oft erstaunlich; es wurden noch den verwichenen Sommer in Moegelin von noch nicht $2\frac{1}{2}$ Magdeb. Morgen rigoltem Landes 17 Winspel, also von dem Morgen ohngefähr 288 Scheffel gewonnen; überdem war zwischen die Möhren Mohn gesäet, welcher über 5 Scheffel Saamen lieferte.

§. 352. Rechnet man aber auch nur den Ertrag eines Morgens mit Möhren bestellt sehr gering zu 70 Scheffel, berechnet nun, daß hieraus (wenn 12 Scheffel Möhren 45 Pfund Syrup liefern) $262\frac{1}{2}$ Pfund Syrup gewonnen werden können, und rechnet man nun das Pfund dieses Syrups nur zu dem sehr mäßigen Preise von 4 Gr. Crt. (denn man muß jetzt den gemeinen Zuckersyrup mit 8 Gr. Crt. bezahlen,) so benutzt man auf diese Weise den Magd. Morgen zu 43 Thl. 18 Gr. Courant; wobei noch so wenig die Rückstände nach dem Auspressen der Möhren, als die Früchte, welche man zwischen die Möhren säen kann, in Anschlag gebracht sind. Zieht man nun von dieser Summe für die Bestellungskosten der Möhren und für Bodenrente zusammengenommen (wenn ich sehr hoch rechne) 14 Thl. pr. Morgen und für die Zubereitungskosten der Möhren, wenn sie bei 12 Scheffeln 2 Thl. 8 Gr. betragen, für 70 Scheffel 13 Thl. 15 Gr., also in Summa 27 Thl. 15 Gr. ab, so bleibt noch ein völlig reiner Ertrag von 16 Thl. 3 Gr. pr. Morgen; womit man in der That Ursache hat zufrieden zu seyn.

§. 353. Gewiß bedarf auch diese Benutzungsart der Möhren meiner weitern Empfehlung nicht, da die Vortheile derselben zu deutlich vor Augen liegen. Ein jeder wird sich leicht durch einen kleinen Versuch von der Richtigkeit meiner Angaben überzeugen können. Er wird, wenn er genau nach meiner Vorschrift und reinlich arbeitet, einen sehr angenehm schmeckenden Syrup gewinnen, der, wenn auch noch nicht im Handel, wo solche Produkte gewöhnlich zuerst mit dem Vorurtheile kämpfen müssen, doch in der Haushaltung, vollkommen die Stelle des gemeinen Zuckersyrups vertreten kann. Und so schließe ich diese wenigen Bemerkungen mit dem Wunsche, daß recht viele meiner Mitbürger aus den Pflaumen und Möhren die Vortheile ziehen mögen, die sie nach der angegebenen Weise gewähren, und daß dadurch dem Staate beträchtliche Summen, welche sonst für fremden Syrup in's Ausland gehen, erspart werden mögen.

Siebenter Abschnitt.

Darstellung eines Zuckers aus Weintrauben.

359. Bereits im Jahre 1797 *) machte ich die Erfahrung, daß man aus dem Safte der reifen Weintrauben einen brauchbaren Syrup darstellen könne: denn aus acht Berliner Quart durch ein selbst erfolgtes Auströpfeln erhaltenen Mostes, den ich mit Eiweiß einmal aufkochte, um ihn zu klären, selbigem zuletzt mit Kreide die freye Säure abstumpfte und endlich ihn zum Syrup verdickte, erhielt ich 3 Pfund eines nicht unangenehm, doch etwas salzig schmeckenden Syrups.

*) Siehe Hermbstädts Versuche und Beobachtungen über die Darstellung des Zuckers und eines brauchbaren Syrups aus einheimischen Gewächsen. In den neuen Schriften der Gesellschaft naturforschender Freunde zu Berlin II. Bd. 1797. S. 324.

§. 360. Späterhin lehrte Herr Proust in Madrit, auf eine ähnliche Weise aus dem

Safte der spanischen Weintrauben, nicht nur Syrup, sondern auch wirklichen Zucker, und zwar in so großer Menge bereiten, daß, wenn man auch nur die in den dortigen Weinbergen unbenutzt liegen bleibenden Trauben auf Zucker verarbeiten wollte, von diesen jährlich 50000 Aroben (= 1,250000 Pfund) Moskovade, würden erhalten werden können.

§. 361. Späterhin hat man auch im südlichen Frankreich angefangen, den Most auf Zucker zu benutzen, und es ist eine eigne Instruktion zu dessen Anfertigung entworfen worden, die die Verfahrungsart dazu deutlich und umständlich angiebt. Der Zucker, den man auf diesem Wege gewinnt, ist freylich immer mit mehr oder weniger Weinsteinsaurem Kali gemengt, und kann daher nie die Süßigkeit des gewöhnlichen besitzen, indessen ist er zum Gebrauch in der Haushaltung doch nicht ganz zu verwerfen. Hier folgt die Verfahrungsart, wie man zu seiner Darstellung operirt.

Erste Operation. Zubereitung des Mostes.

§. 362. Alle Weinbeeren enthalten Zucker; aber nicht alle enthalten eine gleiche Quantität desselben. Nicht immer sind die süßesten Trauben auch zugleich die zuckerreichsten.

§. 363. Im Durchschnitt sind diejenigen Trauben, die den geistreichsten Wein liefern, auch am reichsten mit Zucker beladen. Die

Erfahrung wird bald lehren, welche den Vorzug verdienen.

§. 364. Allgemein müssen die weißen Trauben den gefärbten vorgezogen werden, weil sie wohlfeiler sind, und weniger Farbestoff enthalten.

§. 365. Die Quantität des Zuckers in den Trauben, ist nach dem Clima, der Jahreszeit, so wie nach der Reife der Beeren verschieden: daher liefern die Trauben aus den südlichen Gegenden mehr Zucker, als die aus den nördlichen; auch sind die Trauben in warmen und trocken Jahren mehr für die Zuckerfabrikation geeignet, als die in kalten und feuchten gewonnenen; und reife Weintrauben liefern stets mehr Zucker, als die welche nicht völlig reif sind. Jene Unterschiede sind indessen nicht bedeutend genug, um nicht zu gestatten, daß in allen Ländern Traubenzucker fabricirt werden könnte.

§. 366. In jedem Fall muß man aber die Trauben sammeln, wenn es trocken ist, sie nach gewöhnlicher Art auspressen, und den Most durch Leinwand gießen, um die unreinen Theile davon zu trennen.

§. 367. Das Auspressen der Trauben muß nur ganz schwach veranstaltet werden, auch darf nur der erste Abfluß zur Bereitung des Zuckers und Syrups in Anwendung gesetzt werden; dagegen der später ausgepreßte Most, zur Bereitung des Weins angewendet werden kann.

§. 368. Um das Schwefeln des Mostes zu veranstalten, bringt man selbigen, nach dem Maaße daß er durchgelaufen ist, in ein Faß. Ist dieses zum vierten Theil damit angefüllet, so werden zwei oder drei Schwefelfäden in dem innern Raume des Fasses verbrannt, hierauf die Mündung des Fasses verstopft, und das Fluidum einige Zeitlang darin in Bewegung erhalten, bis alle schweflichte Dünste sich mit dem Moste vereinigt haben.

§. 369. Alsdann läßt man das Faß so lange ruhig liegen, bis man den Schwefeldunst nicht mehr an der Mündung des Fasses wahrnimmt, worauf die Mündung geöffnet, das Faß bis zur Hälfte mit Most angefüllet, und abermals 2 bis 3 Schwefelfäden im leeren Raume desselben verbrannt werden. Sobald sich die Dünste mit dem Most verbunden haben, wird nun das Faß bis auf $\frac{3}{4}$ mit Most angefüllet; und so wird dieselbe Operation so oft wiederholt, bis das Faß voll ist.

§. 370. Nachdem nun das Faß abermals einen Tag geruhet hat, ziehet man den Most, der nun klar und farbenlos ist, von der darunter liegenden Hefe ab. Man läßt ihn durch Leinwand gehen, und füllet ihn auf ein anderes Faß, in welchem man vorher 3 bis 4 Schwefelfäden verbrannt hat.

§. 371. Es ist hierbei sehr zu empfehlen, den Most etwas stark zu schwefen, weil dieses nicht nur sehr viel zu seiner Conservation beiträgt, sondern auch die Darstellung der

Mos-

Moskowade desselben leichter von statten gehet, und solche viel schöner wird.

Zweite Operation. Zubereitung des Syrups.

§. 372. Zu dem Behuf bringt man den zubereiteten Most in einem Kessel über gelindes Feuer. In diesem Zustande schüttet man gepulverte Kreide, oder weißen Marmor hinzu. Es erfolgt hierbei ein lebhaftes Aufbrausen. Man rührt die Masse wohl um, und setzt zu verschiedenenmalen aufs neue Kreide hinzu, bis fernerhin kein Aufbrausen mehr dadurch veranlaßt wird.

§. 373. Nun wird das Fluidum zum Sieden erhitzt, und einige Minuten lang darin erhalten; worauf der entsäuerte Most in ein kegelförmiges Faß gegossen, und 24 Stunden lang darin ruhig stehen gelassen wird. Man füllet hierauf den klaren Most in einen andern Kessel, filtrirt den trüben Rückstand, und gießt das Klare mit der ersten Masse zusammen: worauf nun die Klärung desselben entweder mit Eiweiß oder mit Rindsblut veranstaltet wird.

§. 374. Wendet man Eiweiß an, so wird für 25 Pfund Most das Weiße von 3 Eiern erfordert. Das Eiweiß wird zu dem Behuf mit einer kleinen Quantität Most verdünnet, und mit einem Besen zu Schaum geschlagen, worauf man das Gemenge in den

Most gießt, und alles gut unter einander arbeitet.

§. 475. Wendet man Rindsblut an, so werden auf 100 Pfund Most 2 bis 3 Pfund angewendet. Man verdünnet dasselbe vorher mit einer kleinen Quantität Most, arbeitet es damit unter einander, und gießt dann das Ganze zum übrigen Moste.

§. 376. Man bringt sodann den Most über ein lebhaftes Feuer, arbeitet das Fluidum wohl unter einander, schäumet dasselbe gut ab, und treibt nun das Feuer so weit, bis das Baumesche Aerometer auf 26 bis 27 Grad in der siedenden Flüssigkeit eintaucht.

§. 377. Hierauf wird der Most in hölzerne Fässer gegossen, die an einem kühlen und ruhigen Orte placirt sind, damit die Unreinigkeiten sich zu Boden setzen können. Nach einigen Tagen Ruhe, ziehet man den klaren Most vom Bodensatze ab, worauf derselbe in sehr flachen Pfannen verdunstet wird.

§. 378. Bei dieser letzten Operation muß das Feuer an allen Stellen den Boden der Pfanne berühren, und das Fluidum muß beständig in Bewegung erhalten werden, bis dasselbe im siedenden Zustande 33 Grad nach dem Baumeschen Aerometer erkennen läß.

§. 379. Es ist hierbei wichtig, die Koncentration des Syrups bei einem lebhaften Feuer zu verrichten, und das Fluidum unablässig zu rühren, damit es sich nicht an den

Seitenwänden der Pfanne ansetzt, welches sonst das Braunwerden des Syrups veranlaßt.

§. 380. Hat der Syrup die erforderliche Koncentration erreicht, so muß er schnell abgekühlt werden; daher es rathsam ist, ihn nun in verschiedene Gefäße zu vertheilen, die in kaltem Wasser stehen.

Dritte Operation. Zubereitung der Moskowade, oder des Rohzuckers.

§. 381. Ist die Zubereitung des Syrups vollendet, so füllet man denselben in große Schüsseln, die an einen kühlen von Staub freien Ort gestellt werden.

§. 382. Während dem Zeitraume von 20 bis 30 Tagen, fällt ein körniger Satz daraus nieder, der das Gefäß bis auf dreiviertel seines Raums ausfüllet.

§. 383. Jener Satz bildet sich um so schneller, je kälter die Temperatur ist; daher es rathsam ist, jene Operation im Winter zu veranstalten.

§. 384. Eben so kann man die Bildung des körnigten Bodensatzes beschleunigen, wenn man trocknen Moskowadezucker in den Syrup wirft, oder hölzerne Stäbe in denselben legt.

§. 385. Wenn der Bodensatz nicht mehr zunimmt, so neigt man die Schüssel, und läßt den noch flüssigen Syrup vom Bodensatz abfließen; zuletzt wird der gewonnene Zucker auf ein Seihetuch gebracht, damit der noch daran klebende liquide Syrup vollends abfließen kann.

§. 386. Jener vom Zucker befreite Syrup, kann in den Haushaltungen zu einem verschiednen Gebrauch angewendet werden; damit derselbe aber nicht der Verderbniß ausgesetzt ist, muß er so weit koncentrirt werden, daß das Baumesche Aerometer darin auf 36 bis 37 Grad eintaucht, indem er außerdem leicht in Fermentation übergehen würde.

§. 387. Der von allem anklebenden Syrup wohl abgetröpfelte gewonnene Zucker, stellt nun die Moskowade dar.

Vierte Operation. Reinigung der Moskowade.

§. 388. Nachdem man die verschiedenen Methoden genau geprüfet hat, welche durch mehrerer Chemiker zur Reinigung der Moskowade vorgeschrieben worden sind, hat man die nachfolgende als die einfachste und wohlfeilste anerkannt.

§. 389. Man bringt die noch feuchte zerkleinerte Moskowade in einen Sack von halbgebleichter Leinwand, dessen Fasern man abgesenget hat, indem sie sich sonst mit dem Zukker mengen würden.

§. 390. Den so mit dem Zucker gefüllten Sack bringt man unter eine Presse, so daß er zwischen zwei Platten ruhet.

§. 391. Man beginnet nun das Auspressen anfangs ganz gelinde, um den Syrup ablaufen zu lassen, der dem Zucker anklebt, und fährt sodann mit einem stärkern Druck fort, wenn solcher erfordert wird.

§. 392. Der durch dieses erste Auspressen gewonnene Syrup, kann in allen denjenigen Fällen mit Nutzen angewendet werden, wo man sonst den Traubensyrup gebraucht.

§. 393. Ist dieses erste Auspressen beendigt, so nimmt man die Moskowade aus dem Sack heraus, schüttet sie auf einem Tische aus, und zertheilt sie so, daß sie eine Pulverform annimmt, ohne daß zusammenhängende Körner dazwischen bleiben.

§. 394. Man befeuchtet hierauf das Pulver mit Wasser, und mengt alles recht wohl untereinander, damit selbiges eine völlig gleichförmige Beschaffenheit annimmt, und unterwirft solches sodann einer zweiten Auspressung.

§. 395. Man kann diese Operation zum drittenmal wiederholen, und erhält nun eine Moskowade von gelblichweißer Farbe, ohne übeln Beigeschmack, welche die Stelle des rohen Rohrzuckers, in den allermeisten Fällen vertreten kann.

§. 396. Das syrupartige Fluidum, welches während dem Auspressen abfließt, darf nur gelinde abgedunstet werden, um einen Syrup von sehr guter Qualität zu liefern.

§. 397. Um jenem Zucker eine noch weißere Beschaffenheit zu ertheilen, und ihn in allem Betracht dem gereinigten Rohrzucker gleich zu machen, ist es hinreichend, denselben vorher mit Weingeist von 28 bis 30 Grad nach dem Baumeschen Aerometer zu imprägniren, und wie vorher auszupressen. Der nach dem Auspressen übrig bleibende Zucker ist nun der feinsten Kassonade aus Rohrzucker völlig gleich.

§ 398. Um demselben den Geruch des Weingeistes zu entziehen, ist es hinreichend, ihn einige Zeit auf einem Tisch ausgebreitet, der Luft auszusetzen.

§. 399. Arbeitet man nur mit kleinen Quantitäten, so bedarf man keiner Presse, es ist vielmehr hinreichend, ihn in Leinwand einzuschlagen, und so zwischen den Händen auszupressen.

§. 400. Der Weingeist welcher zu dieser ersten Operation gedient hat, kann auch zum zweiten, ja selbst zum drittenmal, zu einem gleichen Behuf angewendet werden, bis er sich stark gefärbt, und eine syrupartige Konsistenz angenommen hat.

§. 401. Wenn man eine solche Moskowade auf diese Weise behandelt, so muß nur ein sehr schwacher Weingeist angewendet werden; und wenn nach der hier beschriebenen Operation die Moskowade noch nicht vollkommen weiß seyn sollte, so muß sie aufs neue derselben unterworfen werden.

§. 402. Da jene Operationen weder Zeit noch kostspielig sind, so ist es sehr vortheilhaft, selbige immer nur mit kleinen Quantitäten zu veranstalten. Das Auspressen erfolgt alsdann viel gleichförmiger, und der Zucker wird weit schneller und besser weiß.

§. 403. Der so bereitete Rohzucker aus Trauben, kann den gewöhnlichen Rohrzucker fast durchaus ersetzen.

§. 404. Man kann ihm selbst die Konsistenz des Zuckers in Broden geben, wenn man denselben mittelst einer Stampfe stark in eine Form eindrückt.

§. 405. Nach dem bis jetzt darüber angestellten Kalkul, können 100 Pfund Traubensyrup 65 Pfund Moskowade liefern, die nach den bisher damit angestellten reinigenden Operationen, wenigstens 35 Pfund der feinsten Kassonade darstellt.

Fünfte Operation. Raffination des Kassonadezuckers.

§. 406. Der hier beschriebene Kassonadezucker kann fast durchaus die Stelle des Rohrzuckers vertreten, und es ist daher auch sehr wahrscheinlich, daß der Traubenzucker sehr bald einen Handelsartikel ausmachen wird.

§. 407. Man kann denselben indessen, nach einer von den Herren Fouques und de Rosne bekannt gemachten Verfahrungsart, die späterhin angezeigt werden soll, noch reiner und in gewöhnlichen Broden darstellen. Diese Raffination ist unumgänglich nothwendig, wenn jener Zucker in seiner möglichsten Reinheit dargestellt werden soll, in welchem

Zustande derselbe nun die Stelle des raffinirten Rohrzuckers durchaus vertritt.

Bemerkungen über den Traubenzucker.

§. 408. Wenn gleich der Traubenzukker die Stelle des Rohrzuckers in jedem Betracht ersetzen kann, so darf er doch nicht ganz mit selbigem für gleichförmig betrachtet werden.

§. 409. Denn der Traubenzucker süßet weniger als der Rohrzucker; so daß gewiß zweimal so viel davon erfordert wird, um eine gleiche Wirkung zu veranlassen.

§. 410. Derselbe ist ferner weniger lösbar im kalten Wasser, und zerfließt bei sehr schwacher Wä·me.

§. 411. Er schmeckt weniger süß als der Rohzucker; aber wenn er einmal im Munde geschmolzen ist, so ist der Reiz, den er veranlasset, von dem des Rohrzuckers kaum zu unterscheiden.

§. 412. Bei der Fabrikation des Traubenzuckers, gewinnt man eine bedeutende Portion Syrup, der sehr wohlfeil zu stehen kommt, und in vielen Fällen die Stelle des Zuckers ersetzen kann; auch kann derselbe dem Moste zugesetzt werden, um schwachen Weinen mehr Geistigkeit zu ertheilen, und den Most in kalten Ländern zu verbessern, wodurch sein Debit gesichert wird.

§. 413. Man kann sich leicht eine Vor

stellung von den Vortheilen machen, die ein Etablissement von Traubenzucker darbieten kann.

§. 414. Fünfhundert Pfund Trauben liefern 400 Pfund Most.

§. 415. Vierhundert Pfund Most, liefern 100 Pfund Syrup, und 100 Pfund Syrup, liefern 70 Pfund Moskowade, aus der 30 bis 35 Pfund feine Kassonade gezogen werden kann.

§. 416. Aus fünfhundert Pfund Trauben, sind daher gewonnen worden:

Syrup	70 Pfund.
Kassonade . . .	30 —

§. 417. Die Kosten vermindern sich, je mehr man im Großen arbeitet; und die Erfahrung des Herrn Laroche zu Bergerac, der im Jahr 1809, 2500 Pfund Syrup fabricirt hat, hat gelehrt, daß nach einem sehr genauen Kalkul, um 2766 Pfund Syrup und 640 Pfund Zucker zu produciren, an Kosten erfordert werden:

Für Kreide oder gepulverten Marmor . . .	2	Livres	10 Sous
Für Eier . . .	25	-	— -
Für Brennmaterial .	106	-	— -
Für Tagelohn an die Arbeiter . . .	60	-	— -
Für Tagelohn zur Reinigung der Kassonade	24	-	— -
	217	Livres	10 Sous

§. 418. Da nun diese 3407 Pfund theils Syrup, theils Kassonade, 10 Tonnen Most erfordern, die einen Werth von 1200 Livres haben, so betragen die Selbstkosten überhaupt 1426. Livres 10 Sous, für das Produkt von 2766 Pfund Syrup und 640 Pfund Kassonadezucker.

§. 419. Es giebt Provinzen in Frankreich, die noch ein weit wichtigeres Resultat darbieten: denn, nach der Erfahrung des Hrn. de Bournissac, die derselbe zu Noves bei Avignon gemacht hat, liefert daselbst der Most den dritten Theil seines Gewichts an Syrup.

§. 420. Es kann also über die Vortheile eines Etablissements solcher Art kein Zweifel mehr statt finden.

Analyse der verschiedenen Verfahrungsarten zur Fabrikation des Traubenzuckers.

§. 421. Die Verfasser der vorgedachten Instruktion, die Herren Chaptal, Vauquelin, Proust, Parmentier und Berthollet, haben sich verpflichtet gehalten, die verschiedenen Verfahrungsarten hier mitzutheilen, um den Traubenzucker zu bereiten, welche ihnen zur Kenntniß gekommen sind. Besonders glauben sie zwei erörtern zu müssen, die durch die Erfahrungen im Großen bestätigt worden sind, und denen man ein unbegrenztes Vertrauen gönnen darf.

Erste Verfahrungsart vom Herrn Foucques.

§. 422. Herr Foucques hat 400 Pfund weißen Zucker aus den bei Paris gewonnenen Weintrauben fabricirt, und man kann solchen als denjenigen betrachten, welcher der Raffinirbarkeit des Traubenzuckers am meisten das Wort redet.

§. 423. Wir wollen seine Verfahrungsart ganz im Detail hier mittheilen, weil wir Gelegenheit gehabt haben, sowohl sie selbst, als die Resultate derselben genau kennen zu lernen.

1) Herr Foucques schwefelt den Most während dem Zeitraum von 3 Tagen dreimal.

§. 424. Er ziehet den Most vor jedem neuen Schwefeln, von der darin gelagerten Hefe, auf ein neues Faß ab.

§. 425. Er läßt alsdann den geschwefelten Most durch Leinwand laufen, und trennt durch dieses Verfahren davon die Theile des Schwefels und die fremden Theile, die im Moste schwimmen.

2) Er erwärmt nun den Most, und verrichtet die Sättigung desselben in dem Augenblick, da er so heiß worden ist, daß man die Hand noch darin leiden kann.

§. 426. Um hundert Pfund Most zu sättigen, gebraucht derselbe ohngefähr sechs Pfund Aschenlauge. Er rührt das Fluidum mit einem Stock um, und setzt die Sättigung so lange fort, als noch ein Aufbrausen statt findet. Statt der Aschenlauge, wendet er auch Kreide, Mormor und andere kalkartige Substanzen an.

§. 427. Der gesättigte Most wird alsdann auf hölzerne Fässer gefüllet, auf denen er 59 Stunden ruhig stehen bleibt, um sich absetzen zu können, worauf derselbe auf die Kessel gebracht wird.

3) Er kläret den gesättigten Most mit Eiweiß nach bekannter Art, und kocht nun denselben zu einem Syrup so weit ein, daß er nach dem Baumeschen Acrometer 32 bis 33 Grad in seinem siedenden Zustande erkennen läßt.

4) Um den Syrup schnell abzukühlen, läßt er ihn durch ein Schlangensieb laufen, oder vertheilt ihn in Gefäße, die in kaltem Wasser stehen.

5) Er verwahrt alsdann den Syrup während 20 bis 30 Tagen in Fässern.

§. 428 Hierauf wird derselbe in irdene Schalen vertheilt, die mit Leinwand bedeckt werden, und an einen kühlen Ort gebracht: worauf sich sehr bald Kristalle darin erzeugen.

§. 429. Wenn sich kein Satz mehr bildet, wird derselbe auf Leinwand ausgegossen, die über Fässer ausgebreitet ist.

§. 430. Wenn der Syrup aufhört abzulaufen, wird der Rückstand in leinene Säcke gefüllet, und die Oeffnung mit einem Faden verbunden.

§. 431. Die Leinwand zu den Säcken

muß halb gebleicht, und durch das Sengen von den Fasern befreit seyn, um das Vermengen derselben mit dem Zucker zu verhüten.

6) Um den Rückstand auszupressen, bringt man die Säcke zwischen zwei reine Platten, und preßt nun mit nach und nach verstärktem Druck den Syrup aus, welcher abläuft.

7) Die von einem Theil des Syrups getrennte Moskowade, wird nun auf einem Tisch ausgebreitet, und dann gleichförmig mit Wasser impregnirt, um alle Theile mit selbigem zu durchdringen.

8) Man bringt das Ganze hierauf wieder in die Säcke, nachdem der daran klebende Syrup vorher mit Wasser ausgewaschen worden ist, und verrichtet das zweite Auspressen mit derselben Vorsicht.

§. 432. Der jetzt rückständige Kassonadezucker besitzt eine gelblichweiße Farbe.

9) Man schmelzt nun jene Kassonade bei sehr gelinder Wärme im Wasserbade, so daß die gebildete Auflösung 24 Grad Temperatur besitzt.

§. 433. Ist diese Auflösug erkaltet, so gießt man selbige in Fässer mit engem Durchmesser, und setzt sie in die Kälte, da sich denn nach dem Zeitraum von 15 Stunden ein Bodensatz unter einer Flüssigkeit befindet.

§. 434. Man gießt nun das Flüssige in Abdunstungsgefäße, die in einem Wasserbade befindlich sind. Hat es sich erwärmt, so bringt man das geschlagene Weiße von einigen Eiern hinzu, und zuletzt 1 Pfund gut gewaschnes Kohlenpulver. Man rührt alles wohl untereinander, gießt es dreimal hinter einander durch Leinwand, bringt das Durchgelaufene zuletzt wieder in die Gefäße, und erhöhet die Abdunstung desselben bis auf 33 Grad; worauf man das Ganze in flache Schüsseln gießt, in denen sich nun der Zucker absetzt.

§. 435. Eben so behandelt man nun auch das Fluidum über dem Bodensatz, der sich in den Fässern gebildet hat, nachdem man denselben 2 bis 3mal mit Wasser gewaschen hat.

§. 436. Jene etwas langwierige Operation, ist nach der Meinung des Herrn Foucques unablässlich nothwendig, und dienet dazu, den Zucker vom weinsteinsauren Kalk zu befreien, der seine Theile umgab.

10) Um jenem Kassonadezucker die möglichste Weiße zu geben, legt man denselben auf einer Preßplatte auf leicht befeuchtete Leinwand, bedeckt selbige wieder mit einer Lage Zucker, und so fort, bis der Tisch nichts mehr aufnehmen kann. Man verrichtet sodann das Auspressen nach und nach, wobei die farbigen Theile durch die Leinwand hindurchgehen.

§. 437. Man wäscht hierauf die Leinwand mit Wasser aus, wiederholt jene Operation, und man erhält dadurch einen sehr feinen und weißen Zucker.

11) Wenn die Kassonade zu diesem Grade der Weiße gebracht worden ist, so kann man sie auf zweierlei Wegen in Brode verwandeln.

§. 438. Einmal dadurch, daß man die noch feuchte Kassonade in Zuckerformen drückt, die inwendig mit Leinwand ausgelegt sind, wo sie an der Luft trocken wird.

§. 439. Zweitens dadurch, daß man die Kassonade aufs neue mit Wasser schmelzt, so daß die Auflösung 33 Grad besitzt. Nach dem Erkalten präcipetirt sich die Zuckersubstanz während dem Zeitraum von 24 Stunden, worauf man die kristallinische Masse in mit Leinwand ausgeschlagene Formen bringt, worin der Zucker Festigkeit annimmt.

Resultate der Erfahrungen des Herrn Foucques.

§. 440. Vierhundert Pfund Most, der aus den bei Paris gewaschenen Weintrauben gewonnen war, gaben 100 bis 120 Pfund Syrup von 32 Grad in der Siedhitze.

§. 441. Dieser Syrup lieferte 70 bis 75 Pfund ausgetropfte Moskowade; und diese Moskowade lieferte, nach dem starken Auspressen, 60 Pfund Zucker.

§. 442. Diese 60 Pfund trockne Moskowade, liefern 50 Pf. schönen Kassonadezucker.

§. 443. Wird dieser Kassonadezucker vollkommen raffinirt, so gewinnt man daraus 25 bis 30 Pfund.

Bemerkungen der Commissarien.

§. 444. Unabhängig von jenen 30 Pfund Zucker, erhält man noch 24 Pfund Syrup, der nach dem ersten Auspressen zu mannigfaltigem ökonomischem Gebrauch dienet, da letzterer aber noch so viel Zucker enthält, daß solcher daraus abgesondert werden kann.

Verfahrungsart des Herrn Ch. de Rosne.

§. 445. Herr de Rosne erhielt im Jahr 1808 ein Patent auf die von ihm gemachte Erfindung zur Reinigung aller Arten des Zuckers mit dem Weingeist. In demselben Jahre wendete er sein Verfahren auch auf die Reinigung der Trauben-Moskowade an. Er bedient sich dazu eines mäßig starken Weingeistes, und presset denselben mit Zuckerstoff beladen aus, und erhält auf diese Weise einen schönen Kassonadezucker.

§. 446. Herr de Rosne ist während jener Zeit bemühet gewesen, seine Verfahrnngsart zu vervollkommnen, und hat uns das mitgetheilt, was er als das Beste erkannt hat.

Fabrikation des Syrups.

§. 447. Man sammelt die Trauben, wenn solche den höchsten Grad der Reife erhalten haben, von welcher Art sie auch seyn mögen. Sie werden hierauf ausgepreßt, und nach gewöhn.

wöhnlicher Weise in Most verwandelt. Hierauf wird die Sättigung desselben veranstaltet, zu der man, nachdem es die Umstände gebieten, bald Kreide, bald Marmor, bald Holzaschenlauge anwenden kann. Die Sättigung wird bei einer Temperatur von 70 Grad Reaumür veranstaltet. Man kläret hierauf das gesättigte Fluidum, und verrichtet dessen Abdunstung nach folgender Art.

§. 448. Die Abdunstung wird in einem Ofen veranstaltet, über den man flache Kessel placirt hat, die nur 2 bis 3 Zoll tief sind. Die Verdunstung gehet darin sehr schnell von statten, und bedarf für jede Portion Syrup kaum eine Stunde, um ihn bis zu 26 bis 27 Grad nach dem Baumeschen Aerometer abzudunsten, welches ihm im kalten Zustande eine Dichtigkeit von 29 bis 30 Grad giebt.

§. 449. Man nimmt nun den Kessel vom Feuer, und erkältet das Fluidum so schnell wie möglich. In diesem Zustande bleibt dasselbe 15 bis 30 Tage an einem kühlen Orte stehen, damit die darunter gemengten kalkartigen Salze sich niederschlagen können.

§. 350. Man gießt hierauf den hellen Syrup klar ab, und veranstaltet dessen fernere Verdunstung in sehr flachen Gefässen in einer geheizten Stube, deren Temperatur 60 Grad Reaumur beträgt, und in der man einen Strom von warmer Luft unterhält, welche die Abdunstung auf der Oberfläche möglichst schnell befördert. Ist der Syrup durch diese

Abdunstung bis auf eine specifische Dichtigkeit von 13,600 bis 13.750 gekommen, so gießt man ihn noch heiß in die Kristallisationsgefäße, die von Holz und von Thon seyn können.

Die Art des Filtirens.

§. 451. Um die Moskowade der Trauben durch das Filtriren zu raffiniren, gießt man den Syrup in irdene Formen, die so groß sind, daß sie ohngefähr 10 bis 12 Pfund aufnehmen, und verstopft sie mit einem kleinen Stöpfel von Leinwand. Man läßt nun darin die Kristallisation vor sich gehen. Bemerkt man, daß die Kristalle sich nicht mehr vermehren, so wird der Stöpfel herausgenommen, und jede Form mit ihrer Spitze auf ein hohles Gefäß gesetzt, wie man solches in den Zukkersiedereien anwendet. Es fließt dann ein brauner Syrup ab, und nach dem Zeitraume von 2 bis 3 Tagen, kann nun die Raffination mit dem Weingeist vorgenommen werden.

§. 452. Zu dem Behuf gießt man den Weingeist auf den abgelaufenen Zucker in den Formen, und wenn derselbe gleichfalls abgelaufen ist, eine neue Portion darauf, und setzt diese Operation so lange fort, bis der ablaufende Weingeist nicht mehr gefärbt, und in seiner specifischen Dichtigkeit nicht mehr vermehrt wird; in welchem Zustande diese erste Reinigung vollendet ist.

§. 453. Man muß hierbei Sorge tragen,

den abgelaufenen mit Syrup gemengten Weingeist, in verschiedenen Schüsseln zu sammeln; worauf derselbe auf einer Blase übergetrieben wird, um den Spiritus abzuscheiden. Man gewinnt hierbei denselben von verschiedenem Gehalt an Alkohol, der zur Reinigung einer neuen Moskowade abgewendet werden kann. Man beendigt dann jene Raffination durch einen nochmaligen Aufguß von reinem Alkohol.

§. 454. Statt der irdenen Gefäße, kann der Syrup auch in hölzernen Kasten kristallisirt werden. Wenn die Kristallisation beendigt ist, nimmt man die feinsten Stücke heraus, legt sie sorgfältig in hölzerne oder irdene Gefäße, und sorgt dafür, daß keine große Zwischenräume bleiben, durch die sonst der Weingeist hindurchgehen würde, ohne die Moskowade vom Syrup zu befreien; und man setzt nun diese Reinigung eben so fort, wie bereits angegeben worden.

§. 455. Ist diese Raffination beendigt, so nimmt man den Zucker aus den Formen heraus, wenn er so vollkommen als möglich abgetröpfelt ist. Man bringt ihn hierauf in leinene Säcke, die man übereinander in einen Preßkasten placirt, und man erhält nun durchs Auspressen eine bedeutende Portion Alkohol, den der Zucker absorbirte; und wenn in einem kalten Raume und schnell operirt, wird man wenig Verlust an Alkohol erleiden.

§. 456. Auf diese Weise gewinnt man den Traubenzucker in Form einer schönen Kassenade, die man in diesem Zustande in den Handel bringen kann. Um aber den Zucker von der höchsten Reinigkeit zu erhalten, zerläßt man denselben in einer hinreichenden Quntität Wasser, scheidet den Alkohol durch die Destillation davon ab, klarificirt der Rückstand hierauf mit Eiweiß oder frischem Rindsblut, und siedet dann den Syrup zur Konsistenz von 13,500 bis 13,600 (in der Kälte) ein, und bringt den Syrup in Formen, die denen zur Seife ähnlich sind.

§. 457. Nach einigen Tagen ist der Syrup in eine mattweiße musartige Masse übergegangen, die in einer Stube bei ,30 Grad Wärme ausgetrocknet wird.

Verfahren des Auslaugens und Auspressens.

§. 458. Wenn die Moskowade gut ausgetröpfelt, und hierauf an der Luft getrocknet ist, zerbricht man die konsistenten Stücke, zerreibt dieselben ohne Zusatz von Wasser zu einer weichen Paste, der man den zehnten oder zwölften Theil ihres Gewichts Alkohol zusetzt. Indem dieser Alkohol sich mit den syrupartigen Theilen der Moskowade verbindet, macht er dieselben flüssiger, und befreiet sie von den Theilen des Zuckers. Man läßt nun das Gemenge während einigen Stunden in gut bedeckten Gefäßen maceriren, und rührt die halb flüssige Masse alle 3 Stunden einmal um. Den Tag darauf gießt man den darauf schwimmenden mit Alkohol beladenen Syrup ab, und bringt den teigartigen Zucker in Säcke von Leinwand, die man nach der schon gemachten Angabe auspresset.

§. 459. Man nimmt nun die ausgepreßseten Stücke aus dem Sacke heraus, schneidet die braune Kante ab, worauf man die übrigen Stücke zerbröckelt, die nun einen grauen Farinzucker darstellen, den man aufs neue mit einer gleichen Quantität Alkohol wie vorher impregnirt, bis eine weiche Paste daraus entstehet, die man einige Stunden digerirt, und sie dann aufs neue auspresset; und man erhält nun einen schönen Kassonadezucker, den man auf die schon angezeigte Art vom Alkohol befreiet, und ihn klarisicirt.

§. 460. Diese letzte Verfahrungsart ist sehr vortheilhaft, und mit wenig Verlust von Alkohol begleitet, sie gehet schnell von statten, und gewährt die leichteste Art, die Moskowade bis in die feinsten Körner zu raffiniren. Der Zusatz von dem zehnten oder dem zwölften Theil Alkohol, erleichtert das Auspressen ganz vorzüglich.

§. 461. In der ersten Portion des syrupartigen Alkohols, ist derselbe mit einer so großen Quantität Syrup verbunden, daß die Abdunstung desselben nur sehr langsam veranstaltet werden muß: und nach dem Auspressen bleibt mit dem festen Zucker eine so geringe Quantität alkoholartiger Syrup verbunden, daß derselbe sich leicht zu Pulver zerreiben läßt.

§. 462. Uebrigens findet diese kleine Portion sich durch den neu hinzukommenden Alkohol so vertheilt, daß man mit Leichtigkeit beurtheilen kann, wie klein die Masse der färbenden Theile ist, welche nach dem zweiten Auspressen zurückbleibt.

§. 463. Ein anderer Vortheil, welcher aus diesem neuen Mittel hervorgeht, ist der, daß man die Abdunstung des Traubensyrups bis auf den Punkt fortsetzen kann, bei welchem man die größte Quantität Moskowade gewinnt.

§. 464. Man kann füglich jene beiden Verfahrungsarten wechselsweise anwenden. Die erstere wird dazu dienen, die Moskowade zu reinigen, deren Körner hinreichend fest sind; die zweite dienet zur Reinigung der weichen Moskowade.

§. 465. Oft findet es statt, daß die Härte der Krystalle des Traubenzuckers so groß ist, daß sie sich dem Durchdringen des Alkohols entgegensetzt. In diesem Fall muß man die von den dicksten Theilen des Syrups befreieten Kristalle, mit einer neuen Portion Alkohol verbinden.

§. 466. Das zweite Verfahren, nämlich das Auslaugen und Auspressen, wird ohnstreitig auch für den Rohzucker aus Weintrauben, und selbst den Rohrzucker anwendbar seyn.

§. 467. Der syrupartige Alkohol, welcher durch den einen oder den andern Weg gewonnen wird, giebt nach der Destillation einen Syrup von sehr guter Qualität, der, wenn er mit Eiweiß klarificirt wird, die Eigenschaft besitzt, sich nicht mehr zu kristallisiren, und nun zu einem sehr ausgedehnten Gebrauch dienen kann, zu dem der gewöhnliche Traubensyrup nicht anwendbar ist.

Achter Abschnitt.

Von der Benutzung der vorgedachten Materialien, auf Branntwein.

Erste Abtheilung.

Bereitung des Branntweins aus Runkelrüben.

§. 468. Die Runkelrüben, welche zur Fabrikation des Zuckers aus denselben tauglich, sind so reich mit kristallisirbarem Zucker, so wie auch mit Schleimzucker beladen, daß sie nicht weniger vortheilhaft auf einen Branntwein benutzt werden können, welcher im gehörigen Zustande der Reinheit, dem guten westindischen Rum, mit Recht an die Seite gesetzt werden kann.

§. 469. Man kann die Runkelrüben auf eine mannichfache Weise benutzen, um Branntwein daraus zu fabriciren, und zwar, einmal, indem man sie in demjenigen Zustande anwendet, wie sie gewonnen worden sind;

Zweitens, indem man den Saft aus selbigem auspresset, und diesen auf Branntwein benutzt; drittens, indem man die Abgänge auf Branntwein benutzt, welche bei der Fabrikation des Syrups oder des Zuckers aus denselben abfallen; und diese können dann wieder eine zwiefache Benutzung darbieten, nämlich: 1) die Benutzung der Rückstände, die nach dem Auspressen der verkleinerten Runkelrüben übrig bleiben; 2) die Benutzung des Schleimzuckers (der Melasse), die nach der Gerinnung des Zuckers aus dem Syrup übrig bleibt.

1) Fabrikation des Branntweins aus den Runkelrüben, wie sie gewonnen werden.

§. 470. Nach den vielfältigen selbst darüber angestellten Arbeiten, habe ich immer gefunden, daß die Runkelrüben, in dem Zustande, wie selbige gewonnen worden sind, mit dem größten Vortheil, auf Branntwein benutzt werden können; auch daß der daraus gezogene Branntwein am besten ausfällt.

§. 471. Um gedachte Runkelrüben auf Branntwein zu benutzen, bediene ich mich folgender Verfahrungsart. Die Runkelrüben werden von den Kronen befreiet, dann gewaschen, und hierauf in einem Kessel mit warmem Wasser, oder auch, gleich den zu Branntwein bestimmten Kartoffeln, mit Dämpfen gekocht, bis sie durchaus weich geworden.

§. 472. In diesem Zustande werden dieselben, nachdem sie mäßig abgekühlt sind, mittelst einer Kartoffel-Quetschmaschine verkleinert, um sie in einen breiartigen Zustande umzuwandeln.

§. 473. Auf jeden Berliner Scheffel (oder 100 Pfund) der so behandelten und verkleinerten Runkelrüben, werden nun 4 Pfund Gerstenmalzschroot gesetzt, und das Ganze in einem Maischbottich, mit 38 Berliner Quart (= 95 Pfd.) siedenden heißen Flußwasser angemaischt, nachdem die Masse eine Stunde lang gestanden hat, wird sie mit 26 Berliner Quart (= 65 Pfund) kaltem Wasser gestellt, und, nachdem sie auf die Temperatur von 20 Grad Reaumür abgekühlt ist, $\frac{1}{2}$ Quart Hefen zugesetzt. Die Gährung der so gestellten Flüssigkeit beginnt sehr bald, und ist in 36 Stunden beendigt.

§. 474. Die gegorne Maische wird nun auf die Lutterblase gebracht, und zu Lutter gezogen, der Lutter aber wird darauf auf der Weinblase geweinet. Auf diese Weise gewinnt man aus jedem Scheffel Runkelrüben, von der Sorte, wie sie zur Fabrikation des Zuckers tauglich sind, $4\frac{1}{2}$ bis 5 Berliner Quart Branntwein, der 30 Procent Alkohol, nach dem Richterschen Alkoholometer enthält. Was in der Lutterblase zurück bleibt, ist als Schlämpe zur Mast der Kühe oder Ochsen brauchbar.

2) Fabrikation des Branntweins, aus dem Safte der Runkelrüben.

§. 475. Um aus dem Safte der Runkelrüben Branntwein zu verfertigen, werden dieselben ganz nach derselben Weise, wie zur Fabrikation des Zuckers verarbeitet, und der Saft ausgepreßt. Der gewonnene Saft wird nach der (S. 36. §. 72.) gelehrten Methode mit Kalk entsäuert und geklärет, denn mit der Hälfte seines Umfanges milchwarmem Flußwasser verdünnt, und für dem aus jedem Scheffel Runkelrüben gepreßten Saft, ½ Quart Hefen zugegeben.

§. 476. Die Fermentation des hier gestellten Saftes, erfolgt zwar sehr bald, aber sie dauert 6 bis 8 Tage fort, bevor sie beendigt wird, und dann ist das Fluidum in ein weinsäuerliches Getränk übergegangen, welches nun zu Lutter gezogen, und hierauf geweinet werden kann.

§. 477. Bei dieser Verfahrungsart, ist es eine Hauptbedingung, die Fermentation nicht eher als beendigt anzusehen, als bis das Fluidum alle Süßigkeit im Geschmack verlohren, welches oftmals erst nach 14 Tagen der Fall zu seyn pflegt. Bringt man das Fluidum früher auf die Lutterblase, so steigt solches nur zu leicht über, und man gewinnt nur wenig an brauchbaren Branntwein. Auf diese Weise verarbeitet, gewinnt man aus dem Safte von jedem Scheffel Runkelrüben nicht über 3 Quart Branntwein, von 30 Procent Alkoholgehalt.

3) Benutzung der nach dem Auspressen des filtrirten Runkelrübensaftes übrig bleibenden Rückstände auf Branntwein.

§. 478. Die Rückstände, welche nach dem Auspressen des Runkelrübensaftes (§. 66 bis 67.) übrig bleiben, enthalten nicht nur noch Zuckertheile, sowie auch mehlartiges Wesen, und können daher noch Branntwein darbieten. Um sie auf selbigem zu benutzen, werden die Rückstände von jedem Berl. Scheffel der ausgepreßten Rüben, zu 100 Pfund berechnet, mit 3 Pfund Gerstenmalzschroot gemengt, und mit 60 Quart siedend heißem Flußwasser angemischet, nach einer Stundenlaugen Maischung mit 20 Quart kaltem Wasser gestellet, mit $\frac{1}{2}$ Quart Hefen versetzt, und nun der Gährung überlassen.

§. 479. Die Fermentation dieser Masse ist gemeiniglich in 24 Stunden beendigt, und wenn sie geluttert, und der Lutter zu Wein gezogen wird, so gewinnt man von dem Rückstande von einem Scheffel Runkelrüben $1\frac{1}{2}$ bis 2 Quart Branntwein, von 30 Procent Alkoholgehalt.

4) Fabrikation des Branntweins aus der Melasse, welche nach der Ausscheidung des Zuckers aus dem Runkelrübensafte übrig bleibt.

§. 480. Die Melasse, (der nicht kristallisirte Theil des Runkelrübensaftes) welche bei der Fabrikation des Zuckers aus Runkelrüben übrig bleibt, so wie das Wasser, womit die Kessel gereinigt, oder die Filtrirbeutel ausgewaschen werden ꝛc., enthalten immer noch einen Schleimzucker, der auf Branntwein benutzt werden kann. Um diese Benutzung zu veranstalten, löse ich den dicken Syrup (die Melasse) in seinem zwölffachen Gewicht, entweder reinem siedend heißen Flußwasser, oder auch dem Spühlwasser auf, welches bei der Reinigung des Geräths ꝛc. abfällt.

§. 481. Wenn das Fluidum bis auf 25 Grad Reaumür abgekühlt ist, wird dasselbe für den Umfang von jedem 100 Berl. Quart mit einem vollen Quart guter Hefe versetzt, alles gut durchgearbeitet, und nun der Fermentation überlassen.

§. 482. Die Fermentation dieser Maische ist gemeiniglich erst in 14 Tagen beendiget. Sie wird nun auf die Lutterblase geworfen, der Lutter davon gezogen, und dieser geweinet; worauf ich aus jedem 100 Pfund der Melasse, gegen 50 Quart Branntwein von 30 Procent Alkohol gewann.

Zweite Abtheilung.

Reinigung des Branntweins aus Runkelrüben.

§. 483. Der auf dem einen oder dem andern Wege gewonnene Branntwein aus

Runkelrüben, hat immer einen mehr oder weniger ihm anhängenden Rübenartigen Geruch und Geschmack; ja der, welcher aus dem frischgepreßten Safte, so wie der, welcher aus der Melasse gewonnen worden ist, der letztere besonders, zeichnet sich auch wohl durch einen scharfen Beigeschmack, und einen durchdringenden flüchtigen Geruch aus. Sie bedürfen daher sämmlich einer Reinigung, wenn der daraus gezogene Branntwein recht brauchbar werden, und einer besondern Bearbeitung, wenn solcher in ein dem Rum ähnliches Getränk umgewandelt werden soll.

§. 484. Um gedachten Branntwein zu reinigen, bringe ich ihn auf ein Faß, setze für jedes Quart desselben, 6 Loth gut ausgeglüheter und gepülverter Holzkohle zu, lasse das zugespundete Faß eine Zeitlang herum rollen, um die Kohle mit dem Branntwein zu mengen, und wiederhole dieses, während dem Zeitraum von 8 Tagen, täglich wenigstens einmal.

§. 485. Der Branntwein hat nun gewöhnlich seinen üblen Geruch verlohren. Die Kohlen haben sich am Boden des Fasses gelagert, und er kann nun von selbigem ziemlich klar abgezogen werden. Ist dieses geschehen, so wird er auf die Blase geworfen, nochmals abgezogen, und stellt dann einen recht guten reinen Branntwein dar.

Veredlung des Runkelrübenbranntweins, zu Rum.

§. 386. Soll der Runkelrübenbranntwein zu Rum veredelt werden, so wird er erst nach der vorher beschriebenen Weise mit Kohlen gereinigt. Der von der Kohle abgezogene Branntwein wird nun aber in der Weinblase, für jede 10 Quart desselben, mit 2 Loth Salpeter, 2 Loth gepülvertem Braunstein, 1½ Loth Küchensalz, 2 Loth Bleyzukker, und 2 Loth koncentrirter Schwefelsäure (Vitriolöl) gemengt, alles recht wohl unter einander gerührt, und nach einer vierstündigen Digestion, die Destillation veranstaltet. Das so gewonnene Destillat, zeichnet sich durch einen überaus angenehmen und reinen Geschmack und Geruch aus, und nimmt, nachdem solches 6 Monate lang auf einem Fasse gelagert worden ist, eine dem Rum völlig gleiche Beschaffenheit an.

Dritte Abtheilung.

Benutzung des Syrups oder des Zukkers aus der Stärke, auf Branntwein.

§. 387. Der Syrup, so wie der Zukker aus der Stärke, und eben so das Spühlwasser, welches bei der Fabrikation derselben abfällt, desgleichen der Syrup, der von dem gewonnenen Zucker abfließt, sind brauchbar, um einen guten Branntwein daraus zu verfertigen, der sich durch eine besondere Reinheit, zu seinem Vortheil auszeichnet.

§. 388. Um dieses zu veranstalten, löse ich den Syrup, oder den Zucker in seinem zehnfachen Gewicht, entweder reinem Flußwasser, oder auch dem gedachten Spühlwasser auf, setze zu jeden 100 Quart der gedachten Flüssigkeit, 2 Quart recht gute Bierhefen, und überlasse das Ganze der Fermentation.

§. 389. Die Fermentation beginnt sehr bald, ist aber erst nach 14 Tagen beendigt. Sie darf nicht als beendigt angesehen werden, so lange die Flüssigkeit noch einen süßen Geschmack besitzt.

§. 390. Das gegohrne Fluidum wird nun auf der Lutterblase zu Lutter gezogen, und dieser hierauf geweinet. Aus 100 Pfund Syrup oder Zuckers von Stärke, gewinne ich gemeiniglich 18 Quart Branntwein, von 30 Procent Alkoholgehalt.

§. 391. Jener Branntwein ist an sich zwar sehr gut, er kann aber noch merklich verbessert, und dem Rum ähnlich gemacht werden. Zu dem Behuf bediene ich mich derselben Methode, die bei der Veredlung des Runkelrüben-Branntweins (§. 386.) angegeben worden ist, und erreiche so vollkommen meinen Zweck.

Vierte Abtheilung.

Benutzung des Ahornsaftes auf Rum.

§. 392. Der Ahornsaft, dessen Gewinnung (S. 233.) bereits gelehrt worden ist, gehet leicht von selbst in eine geistige Fermentation, bildet dadurch ein angenehmes weinartiges Getränk, und dieses liefert, wenn dasselbe der Destillation unterworfen wird, einen sehr reinen, dem Rum ähnlichen Branntwein.

§. 393. Man würde also nichts weiter nöthig haben, als den frisch gewonnenen Ahornsaft, für sich selbst fermentiren zu lassen, und ihn dann zu distilliren, um Branntwein daraus zu gewinnen. Da man aber jenen Saft nur nach und nach sammlen kann, so würde aus auch immer die Fermentation sehr ungleich ausfallen; aus dem Grunde muß man daher, um Branntwein aus dem Ahornsafte zu bereiten, einem andern Weg einschlagen.

§. 394. Man erreicht den vorgesetzten Endzweck, wenn man den Saft, nach dem Maaße daß solcher gesammlet worden ist, gleich in einem Kessel bis zur Konsistenz des Syrups einkocht, da er sich dann, besonders an einem kühlen Orte, Jahre lang ohne zu verderben, aufbewahren läßt.

§. 395. Soll nun aus einem solchen Syrup ein Rumartiger Branntwein dargestellt werden,

werden, so wird selbiger in seinem 8 oder 10fachen Gewicht frischem Ahornsaft aufgelöset, die Auflösung mit einer geringen Quantität guter Weißbierhefe versetzt, und an einem temperirten Orte so lange der Fermentation unterworfen, bis das Fluidum die Beschaffenheit eines säuerlichen Weins angenommen hat, und alle Süßigkeit desselben verschwunden ist. Dieser Ahornwein giebt nun durch die Distillation Lutter, und wenn dieser einer zweiten Distillation unterworfen wird, so gewinnt man einen dem Rum ähnlichen Branntwein, dessen Quantität, von der Reichhaltigkeit des Ahornsaftes an Zuckertheilen abhängt

Fünfte Abtheilung.

Benutzung der Maisstängel auf Brannntwein.

§. 392. Die grünen Stängel des Mais, so wie der daraus gewonnene Syrup liefern, unter zweckmäßiger Bearbeitung, beiderseits einen guten Branntwein. Will man die Stängel dazu anwenden, so ist es hinreichend, solche in demselben Zustande abzuschneiden, in welchem sie zur Syrupbereitung brauchbar sind. Es ist dann hinreichend, solche auf einer Hechsellade so klein wie möglich zu zerschneiden, das geschnittene mit dem fünffachen Gewichte Wasser 15 Minuten lang gelinde zu kochen, und dann so lange stehen zu lassen, bis das Fluidum auf 22 Grad Reaumür abgekühlt ist.

§. 393. Die so weit abgekühlte Flüssigkeit wird nun mit einem halben Quart Hefe, auf 100 Pfund Stängel berechnet, gemengt, der Fermentation überlassen. Die Fermentation erfolgt sehr bald, und ist in 2 — 3 Tagen vollendet.

§. 394. Das gegohrne Fluidum wird hierauf zu Lutter gezogen, und dann der Lutter geweinet; da dann der Branntwein erhalten wird. Der Rückstand in der Lutterblase ist noch als Futter fürs Hornvieh brauchbar.

§. 395. 200 Pfund der grünen Maisstängel, liefern im Durchschnitt 6 Berliner Quart Branntwein, von circa 40 Procent Alkoholgehalt nach dem Richterschen Alkoholometer.

§. 396. Der auf diesem Wege erhaltene Branntwein ist sehr schön und rein von Geschmack, und nimmt, nach der Reinigung mit Kohle, die Beschaffenheit des Franzbranntweins an.

§. 397. Auf gleiche Weise kann auch der Maissyrup auf Branntwein benutzt werden; selbst dann, wenn solcher nicht gerathen, etwa bey der Bearbeitung angebrannt, oder gar verdorben seyn sollte. Es ist nun hinreichend, ihn in seinem 8 bis 10 fachen Gewicht heissem Wasser aufzulösen, das aufgelösete mit Hefe zu versetzen, und das die Fermentation überstandene Gut, auf der Lutterblase abzutreiben, und dann den Lutter zu weinen. Aus 100 Pfund jenes Maissyrups, können 100 Berliner Quart Branntwein gewonnen werden, der einen Alkoholgehalt von 40 Procent nach Richter zu erkennen giebt.

Sechste Abtheilung.

Benutzung der Birnen und der Aepfel auf Branntwein.

§. 398. Birnen und Aepfel, selbst die wilden oder sogenannten Holzbirnen und Holzäpfel, auch dann noch, wenn solche schon angestoßen, weich und teigartig geworden sind, geben einen vortrefflichen Branntwein, der, bey einer gehörigen Zubereitung und Reinigung, dem besten Franzbranntwein an die Seite gesetzt werden kann.

§. 399. Um jene Obstarten auf Branntwein zu verarbeiten, werden selbige, gleich den Runkelrüben, entweder auf einem Reibeisen, oder auch mittelst einem andern Apparat so zerrieben, daß sie eine musartige Beschaffenheit annehmen, und dann wird das Mus ausgepresset.

§. 400. Der erhaltene Saft oder Most, ist nun dazu bestimmt, einen sehr reinen und schönen Branntwein daraus zu produciren. Zu dem Behuf wird derselbe in einem offenen

Fasse sich selbst überlassen, da er dann sehr bald, ohne weitern Zusatz von Hefe, in Fermentation geher, und nach Beendigung derselben, einen Obstwein oder Cyder erzeugt hat, der, wenn die Aepfel oder Birnen sehr reif, zuckerreich, und von guter Quantität waren, als Wein getrunken werden kann.

§. 401. Die Fermentation des Obstsaftes gehet indessen nur sehr langsam von statten, und dauert, bis selbige ganz vollendet ist, oft 6 bis 8 Monath, daher man mit der Destillation der gegohrnen Masse nicht eilen darf, wenn man sie nicht auf Kosten der Ausbeute des Branntweins beschleunigen will.

§. 402. Wird hingegen der gebildete Obstwein, nachdem selbiger alle vorwaltende Süßigkeit verlohren hat, nun der Destillation unterworfen, so gewinnt man einen Lutter, der, nach dem Weinen auf der Weinblase, einen dem Französischen ähnlichen Branntwein darbietet; ohne daß er einer weitern Reinigung bedarf.

§. 403. Hundert Berliner Quart von jenem Obstwein, liefern im Durchschnitt 12 bis 15 Quart Branntwein von 30 Procent Alkoholgehalt, und vorzüglich schöner Beschaffenheit; mehr allerdings dann, wenn der Wein selbst mehr geistreich war.

§. 404. Aber auch die nach dem Auspressen des Apfelmußes übrig bleibenden Treber, sind noch auf Branntwein zu benutzen. Es ist hinreichend zu dem Behuf, solche mit dem sechsfachen Gewicht Wasser von 80 Grad Reaumür anzubrühen, das Angebrühete bis auf 20 Grad abkühlen zu lassen, solches dann mit weniger Hefe zu versetzen, da dann die Fermentation sehr bald erfolgt, und schon in 3 bis 4 Tagen beendigt ist. Das gegohrne Gut kann nun mit der Hefe oder dem Troub von dem Obstwein gemengt, auf der Lutterblase abgeluttert, und der Lutter auf der Weinblase geweinet werden, da man denn ebenfalls einen Branntwein daraus gewinnt, der aber weniger rein und angenehm als der vom Wein ausfällt. Die Quantität dieses letztern Branntweins läßt sich nicht wohl bestimmen, sie hängt theils von der Beschaffenheit der der Operation unterworfenen Aepfel, theils aber auch davon ab, ob sie mehr oder weniger stark ausgepresset worden waren.

§. 405. Eine nochmalige Reinigung dieses letztgenannten Branntweins mit ausgeglühter Kohle, nach der schon früher angezeigten Methode, verbessert ihn sehr wesentlich.

Siebente Abtheilung.

Benutzung der Pflaumen auf Branntwein.

§. 406. Man kann die Pflaumen auf zweyerley Wegen auf Branntwein benutzen: einmal, indem man solche ganz dazu anwendet; ein Zweitesmal, indem man die Rückstände dazu anwendet, die nach der Zubereitung des Pflaumenmuses zurück bleiben.

§. 407. Um aus den Pflaumen selbst einen überaus schönen Branntwein zu produciren, sammlet man selbige so reif als möglich, befreyet sie von den Kernen, und zerstampft sie in einem Mörser mittelst hölzernen Stampfen, zu einem dünnen Brei.

§. 408. Der von einem Berliner Scheffel Pflaumen erhaltene Brei, wird hierauf mit 30 Berliner Quart weichem Flußwasser gemengt, das man vorher auf 60 Grad Reaumür erwärmt hat, worauf noch 4 Quart siedendes Wasser zugesetzt werden, und alles wohl untereinander gerührt wird.

§. 409. Wenn die Brühe auf 20 Grad Reaumür sich abgekühlt hat, wird solcher ein halbes Quart Bierhefe zugegeben, alles wohl untereinander gerührt, und nun das Ganze, bei einer Temperatur von 10 bis 12 Grad Reaumür, in einem bedeckten Gefäße, der Fermentation unterworfen. Die Fermentation beginnt bald, dauert aber 4, 5 bis 6 Tage hindurch, bis sie vollendet ist.

§. 410. Wenn das Schäumen nachläßt, und die markigen Theile der Pflaumen sich zu Boden setzen, kann die gegohrne Masse nach 2 bis 3 Tagen in einem verschlossenen Fasse aufbewahrt werden. Sie besitzt jetzt einen angenehm weinartigen Geruch und Geschmack.

§. 411. Die gegohrne Masse wird nun

auf einer Lutterblase zu Lutter gezogen, und der erhaltene Lutter hierauf geweinet. Man gewinnt auf diesem Wege aus einem Berliner Scheffel Pflaumen gegen 4½ bis 5 Berliner Quart Branntwein, von 30 Procent Alkoholgehalt, nach dem Richterschen Alkoholometer, der einen sehr angenehmen Rumartigen Geschmack und Geruch besitzt, in welchem man jedoch zugleich den Pflaumengeschmack nicht verkennen kann.

§. 412. Wird dieser Branntwein mit gut ausgeglüheter Kohle gereinigt, nämlich auf jedes Quart 4 Loth gepulverte Kohle gesetzt, alles damit wohl umgeschüttelt, 3 bis 4 Tage lang damit in Berührung gelassen, hierauf nun der Branntwein, so von dem Fasse abgezogen, daß die zu Boden liegegende Kohle zurück bleibt, und nun für sich über destillirt: so gewinnt man einen sehr reinen Geist, der zum Thee und Punsch die Stelle des Rums vollkommen vertreten kann.

§. 413. Der Rückstand, welcher nach der Destillation in der Lutterblase zurück bleibt, gewähret ein sehr gutes Futter für das Mastvieh.

§. 414. Jener Pflaumenbranntwein gewinnt noch einen angenehmern Geruch und Geschmack, wenn er einige Monathe lang in verschlossenen Gefäßen liegen bleibt, so daß er nun dem Rum noch änlicher wird.

§. 415. Will man die Rückstände, welche nach der Bereitung des Pflaumensyrups übrig bleiben, auf Branntwein benutzen, so befolgt man ganz dieselbe Methode, als wenn die Pflaumen selbst angewendet worden wären. Der Branntwein, den man auf diesem Wege gewinnt, ist aber weniger angenehm, als der vorherbeschriebene.

Achte Abtheilung.

Benuzung der Weinbeeren, so wie des Weinsyrups, auf Branntwein.

§. 416. Wenn gleich das nördliche Deutschland arm an Weinbau ist, und nur selten so warme Jahre eintreten, daß der Wein seine vollkommene Reife erhielte; so kann derselbe doch besonders dann, wenn er seine volle Reife nicht erhalten hat, sehr wohl zur Bereitung des Branntweins benutzt werden.

§. 417. Zu dem Behuf ist es hinreichend, die Trauben zu zertreten, und das Ganze, ohne weiteren Zusatz, für sich selbst in Fermentation gehen zu lassen, nach vollendeter Fermentation aber, erst auf der Lutterblase abzuziehen, und den erhaltenen Lutter hierauf zu weinen. Die Quantität des Branntweins, den man aus einer bestimmten Masse der Trauben gewinnt, läßt sich indessen nicht genau bestimmen, sondern hängt vielmehr allemal von der Reichhaltigkeit des Mostes an Zuckerstoff ab.

§. 418. Noch schöner aber fällt der Branntwein aus, wenn die zerquetschten Trauben vorher ausgepresset werden, und nun der Most für sich der Fermentation und Destillation entworfen wird.

§. 419. Dagegen können nun die nach dem Auspressen des Mostes übrig bleibenden Trebern, mit ihrem sechsfachen Gewicht milchwarmen Wasser angebrühet, und mit einem geringen Zusatz von frischem Most in Fermentation gesetzt werden, da man dann auch aus diesen eine gute Portion Branntwein gewinnt, der aber weniger angenehm als der vorige ist.

§. 420. Wichtiger ist es aber für das nördliche Deutschland, wenn selbiges sich den Weinsyrup, oder den durch bloßes Eindicken desselben daraus dargestellten Zucker, der gewiß bald ein wohlfeiler Handelsartikel werden wird, aus Spanien kommen läßt, um solchen auf ein dem schönsten französischen Branntwein gleiches Produkt zu verarbeiten.

§. 421. Um aus dem Weinsyrup oder Weinzucker Branntwein zu verfertigen, ist es hinreichend, den einen oder den andern, mit seinem zehnfachen Gewicht siedendem Wasser aufzulösen, kann die Auflösung, für jede 100 Berliner Quart derselben, mit 4 Berliner Quart guter Weißbierhefe zu versetzen, und das Ganze bey einer Temperatur von 10 bis 12 Grad Reaumür, der Fermentation zu unterwerfen. Wenn diese vollkommen beendigt ist, nämlich wenn kein Kohlstoffsaures Gas sich mehr entwickelt, und das Fluidum einen völlig weinartigen Geschmack angenommen hat, so stellt solches einen angenehmen Wein dar.

§. 422. Wird jener Wein der Destillation unterworfen, so erhält man einen schwachen Branntwein, der, wenn solcher durch eine zweite Destillation rektificirt wird, nun einen dem französischen völligen gleichen Branntwein darstellt. Zehn Pfund aus einländischen süßen Trauben bereiteter Zucker, lieferten mir 5 Berliner Quart Branntwein von 30 Procent Alcoholgehalt.

Neunter Abschnitt.

Benutzung der früher gedachten Materialien, auf Essig.

Erste Abtheilung

Bereitung des Essigs aus Runkelrüben.

§. 423. Man kann sowohl die ganzen Runkelrüben, als auch die Rückstände, welche nach dem Auspressen des Saftes aus selbigen zurück bleiben, auf einen brauchbaren Essig benutzen; der zwar dem Weinessig oder Obstessig nicht gleich gesetzt werden kann, doch aber für die Fabriken oder Manufacturen, welche Essig brauchen, mit grossem Nutzen zu gebrauchen ist.

§. 424. Um aus den Runkelrüben geradezu Essig zu bereiten, lasse ich selbige zerreiben, den Saft auspressen, diesen durch gelindes Kochen vom Eiweißstoff trennen, und ihn dann durch einen wollenen Beutel filtriren. Der so bereitete Saft wird nun mit der Hälfte Regenwasser gemengt, für jede 100 Berl. Quart mit 2 Quart Weißbierhefe gestellet, und der Weingährung unterworfen.

§. 425. Ist die Weingährung vollendet, so wird der gebildete Runkelrübenwein, von der darunterliegenden Hefe abgezogen, und für jede 100 Quart, mit 2 Pfund schwarzem, zerbröckelten Brod, gemengt, das vorher mit 8 Quart fertigem Essig 10 Minuten lang gelinde gekocht worden ist. Das Ganze wird in einem Fasse mit offnem Spunde einer Temperatur unterworfen, die 18 bis 20 Grad Reaumür beträgt, da dann, in einem Zeitraume von 8 bis bis 10 Wochen, das Ganze in einen sehr guten Essig übergegangen ist.

§. 426. Soll der nach dem Auspressen des Runkelrübensaftes übrig bleibende Rückstand auf Essig benutzt werden, so ist es hinreichend, solchen mit seinem dreifachen Gewichte milchwarmen Flußwasser zu mengen, damit durch zu kneten, ihn auszupressen, das ausgepreßte Fluidum hingegen mit dem zehnten Theile seines Umfanges gemeinen Branntwein, und dem dreißigsten Theile seines Umfanges fertigem Essig zu mengen, und nun das Gemenge in einem nicht verspundeten Fasse der Einwirkung einer Temperatur von 18 bis 20 Grad Reaumür auszusetzen, da dann das Fluidum, in einem Zeitraume von 8 bis 10 Wochen, in einen ziemlich guten Essig übergeht, der wenigstens dem Malzessig an die Seite gesetzt werden kann.

Zweite Abtheilung.

Benutzung des Stärkezuckers auf Essig.

§. 427. Der Zucker sowohl als auch der Syrup aus Stärke, bieten ein ganz vorzügliches Material zur Fabrikation eines Essigs dar, der dem besten französischen Weinessig gleich gesetzt werden kann; und eben so kann auch der nicht kristallisirbare Syrup, welcher beim Kristallisiren des Stärkezuckers abfließt, zur Zubereitung eines Essigs benutzt werden, der freilich weniger gut ausfällt.

§. 428. Um die eine oder die andere Sorte des Stärkezuckers oder Syrups in Essig umzuwandeln, bediene ich mich der folgenden Verfahrungsart. Zehn Pfund desselben werden in 100 Berliner Quart reinem Fluß- oder Regenwasser aufgelöst, dann 2 Pfund gereinigter Weinstein zugegeben, und wenn auch dieser gelöst ist, das ganze Fluidum in kleine Fässer gefüllet, wovon jedes 30 Quart fasset. Auf jedes 25 Quart jener Flüssigkeit werden nun 2 Quart Branntwein und 2 Quart siedender Essig gesetzt, und dann die Fässer mit offnem Spunde an einen warmen Ort gelegt, wo die Temperatur nicht 18 bis 20 Grad Reaumür beträgt, da der dann nach einem Zeitraume von 8 bis 10 Wochen alles in Essig übergegangen ist. Der fertige Essig wird nun klar abgezogen, und auf andere Fässer gebracht.

Dritte Abtheilung.

Benutzung des Ahornsaftes auf Essig.

§. 429. Um den Ahornsaft auf Essig zu benutzen, wird derselbe eben so gesammlet wie zur Bereitung des Zuckers. Man dünstet ihn dann in einem Kessel bis auf den dritten Theil seines Umfanges ab. Der so weit abgedünstete Saft wird nun mit dem zehnten Theil seines Umfanges fertigem Essig und dem fünften Theil Branntwein gemengt, und in kleine Fässer vertheilt, in der Sauerstube erhalten, da derselbe dann im Zeitraume von 8 bis 10 Wochen, in einen ganz vorzüglichen Essig übergeht.

Vierte Abtheilung.

Benutzung des Maissyrups auf Branntwein.

§. 430. Auch der Maissyrup kann zur Bereitung eines Essigs benutzt werden, der jedoch den vorher beschriebenen Arten nachstehen muß. Um ihn in Essig umzuwandeln, verfahre ich eben so, wie mit dem Stärkesyrup vorgeschrieben worden ist, daher es hier keiner besondern Belehrung bedarf.

Fünfte Abtheilung.

Benutzung der Aepfel und Birnen auf Essig.

§. 431. Um Aepfel und Birnen auf Essig zu benutzen, wird erst nach der (§. 400.) beschriebene Methode Obstwein daraus bereitet, derselbe alsdann mit dem 10 Theil seines Umfanges fertigem Essige ersetzt, und nun in unverspundeten Fässern, in der Sauerstube bey 28 bis 20 Grad Reaumür so lange erhalten, bis der Wein in Essig übergegangen ist. dieser Essig kann dem besten Weinessig gleich gesetzt werden.

Sechste Abtheilung.

Benutzung des Pflaumensyrups auf Essig.

§. 432. Um den Pflaumensyrup auf Essig zu verarbeiten, wird eben so operirt, wie bey dem Stärkesyrup vorgeschrieben worden ist. Der daraus gewonnene Essig kann dem Weinessig gleich gesetzt werden.

Siebente Abtheilung.

Benutzung des Weinsyrups, oder des Weinzuckers auf Essig.

§. 433. Wer in der Lage ist, den Weinzucker oder die Moskowade aus Spanien anschaffen zu können, wird ihn mit Erfolg auf Essig benutzen können. Es ist dann hinreichend, ihn ganz eben so zu behandeln, wie solches beim Stärkezucker gelehret worden ist; daher hier keine weitere Belehrung erforderlich ist.

Schluß.

Hier haben wir alles zusammen gestellt, was über die Darstellung des Zuckers aus Runkelrüben, so wie aus verschiedenen andern Erzeugnissen des Pflanzenreichs, durch wiederholte Erfahrungen bekannt worden ist; und zugleich die andern Vortheile erörtert, die aus der Benutzung derselben Substanzen auf Branntwein und auf Essig gezogen werden können. Landwirthe, so wie wirthschaftliche Hausväter und Hausmütter, werden hoffentlich ihren Zweck vollkommen erreichen, und nicht ohne Nutzen sich beschäftigen, wenn sie sich die Mühe geben wollen, die in diesem Buche gemachten Angaben mit möglichster Pünktlichkeit durch zu arbeiten, und sie werden dann auf mehr als einem Wege Nutzen daraus ziehen.

FSC
www.fsc.org
MIX
Papier | Fördert
gute Waldnutzung
FSC® C083411

Zeitfracht Medien GmbH
Ferdinand-Jühlke-Straße 7
99095 Erfurt, Deutschland
produktsicherheit@kolibri360.de